毕淑敏 —————— 作品

毕淑敏心理咨询手记

湖南文艺出版社
HUNAN LITERATURE AND ART PUBLISHING HOUSE

博集天卷
CS-BOOKY

图书在版编目（CIP）数据

毕淑敏心理咨询手记 / 毕淑敏著. — 长沙：湖南文艺出版社，2018.2
ISBN 978-7-5404-8269-5

Ⅰ. ①毕… Ⅱ. ①毕… Ⅲ. ①心理咨询 — 普及读物 Ⅳ. ① B849.1-49

中国版本图书馆 CIP 数据核字（2017）第 188072 号

上架建议：畅销·心理学

BISHUMIN XINLI ZIXUN SHOUJI
毕淑敏心理咨询手记

作　　者：毕淑敏
出 版 人：曾赛丰
责任编辑：薛　健　刘诗哲
监　　制：蔡明菲　邢越超
特约策划：董晓磊
特约编辑：蔡文婷
营销支持：杜　莎　李　群　张锦涵　姚长杰
封面设计：Cincel
版式设计：张丽娜
封面图片：王云飞
出版发行：湖南文艺出版社
　　　　　（长沙市雨花区东二环一段 508 号　邮编：410014）
网　　址：www.hnwy.net
印　　刷：北京中科印刷有限公司
经　　销：新华书店
开　　本：880mm × 1270mm　1/32
字　　数：147 千字
印　　张：10
版　　次：2018 年 2 月第 1 版
印　　次：2018 年 6 月第 2 次印刷
书　　号：ISBN 978-7-5404-8269-5
定　　价：59.80 元

若有质量问题，请致电质量监督电话：010-59096394
团购电话：010-59320018

目录
contents

前言

　　当代中国越来越多的人关注心理健康，这是社会进步的表现。一个人，如果连温饱都没有解决，恐怕是顾不上其他的。而当整个社会的大部分人都跨越了小康这个台阶，人们就会很自然地开始关注自己的心理健康。因为人是追求目标的动物，必须要有精神的指引，追索自己存在的价值。人的最终目标是争取幸福，而幸福不是金钱的成就，是灵魂的成就。

　　现在中国人心理问题的困扰有多大？我觉得可能比世界上任何一个国家都更需要心理援助。为什么这样说呢？因为我们的变化快而且猛。好比天气冷暖，如果是一个渐进的过程，从夏到秋，天气一天天凉起来，或是从冬到春，天气一天天暖起来，人们就可以比较从容地慢慢适应。但如果你是从一个很冷的地方，突然到一个温度很高的地方，或者从很热的地方一下走入寒冰之中，我们会容易感冒，严重的甚至还会转成肺炎。这几十年来，中国社会发生了翻天覆地的变化，所以人们需要更多的心理医生，这不是坏事，是天大的好事，说明我们在飞速的进步和发展中。因为变革，我们遇到了更多的问题和挑战，也产生困惑和迷茫。当一个人有很多选择并享有更充分自由的时候，他也会相应承担更多的责任、更多的风险。在这样的大背景、大环境之下，中国对心理健康的关注特别迫切起来。每一个人都在寻求更好的发展，那就不但需要强健的体魄，也要有一颗非常阳光的心。

每一个来访者都是崭新的世界。我的咨询室有一扇镶有玻璃的门，来访者走进来的时候，我会站起身来伸出右手去迎接他们。每逢那扇门被推开，我都觉得一个非常鲜活，同时也是非常复杂的世界，在我面前徐徐展开。那是一个神圣的时刻。因为一个人把他或她的心扉敞开了，把他或她最隐秘的思维音符向你倾诉，这是何等的信任何等的真诚啊！每个人的挣扎和困惑都是如此不同，就算是同样年龄的女子，都来讨论同样的问题，都是感情世界遭遇了红灯，表面上看起来相似的困境，背后所潜藏的原因和思绪的起承转合也会存在巨大差异。危机表现的形式，应对的策略，包括当事人在其中的感受都可能南辕北辙。在这个过程中，我为人性的丰富和深邃惊叹，被心理咨询师工作状态的这种无限可能性所震撼。

咱们中国人多，人多了，很多时候是好事，也是难事。可能因为我工作比较认真努力，来我的心理咨询中心求助的人越来越多了，只好将预约者排队，一个个慢慢来。秋天的时候，有的预约者说他们从春天开始排队，到现在了还没有轮上，询问工作人员说会不会有人加塞或是走后门。我觉出了问题的严重，陷入一种巨大的焦虑之中。如同你是一个海边救生员，现在你面前的波涛中有很多双伸出的求救的手，可你只有一条小船，你不知道驶向何方，你不知道该最先去拉住谁。我想啊想，终于想明白了。心理医生其实是一个脑力的手工劳动者，你是没有办法机械化生产、大批量复制，也不可能加快速度的。心理医生每天的工作量是有定额的，这不单是对心理医生的爱护，更是对来访者的负责。这是心与心的交融，是非常严肃细致的工作，不能因为等候的人多，就萝卜快了不洗泥。更不消说心理医生接触的不是萝卜，是一颗颗鲜活的饱经磨难的心，须百般慎重精心呵护。面对着日益增多的全国来访者（那时候已经有人每周一次坐飞机从外地来咨询……），我要做出艰难选择。

　　如果我继续做一个临床心理医生，那么，我就是再努力再勤奋，殚精竭虑死而后已，每天能够面对的也只是个位数字的来访者，而且不算便宜的咨询费，客观上决定了能够坚持长期心理治疗的几乎都是有钱人。我并不是说有钱人不好，但我希望更广大的没有那么多金钱的人，也可以分享心理学的知识，也能够通过这门科学来凝聚心理能量，健全自我，发生有益的变化，获得更好的发展。

我想，也许要换一种方式，把我的种种感悟，特别是很多来访者所给予我的宝贵的精神馈赠，用文字去表达，去传递一种友爱和成长的信念。一本书的定价不过几十块钱，普通人吃一顿家常饭的花费。如果有人在看到这书的时候，书中某句话轻轻地碰撞了一下他的心，引发了一点点思考，就是我莫大的喜悦了。

当我的作品被人评价为心理治疗书的时候，我心中忐忑不安。虽然我经过严格的学习和训练，也有若干年的实践经验，但由于心理医生的戒律，我不可能在小说或是散文中，精准地再现真实的治疗过程。那样就进入学术范围，而不再是文学作品了。我不希望我书中的这些文字，被人以专业术语来要求和判断，那不是我的初衷，也是对一门严肃学问的不敬。

我做过二十年临床医生，深刻体察到人是身心一体的。很多人身体健壮，也和他的心理状况良好有关。人的心理负荷很重的时候，身体也会有相应的不良反应。作家主要是用语言和文字作为工具进行表达，心理咨询师和来访者的沟通，与语言密不可分。恰如其分的语言，用很形象生动的词汇，形容出当事人的感受、困境、矛盾、内心的种种挣扎，都会使来访者有一种"人生得一知己"的亲近感。他会觉得自己不再孤独，他被人理解，他有了可以信赖的人，他会有兴趣有勇气来探索自己的内心世界。记得有一位来访者，走出咨询室的时候说："我今生今世从来没有和一个人进行过这么推心置腹的谈话，你怎么可以比我自己更了解我？"我觉得自己是有价值的了。这也许就是恰当的语言所能起到的神奇桥梁作用。

真正好的心理医生，不应使用那种头痛医头、脚痛医脚，只局限于表面问题的工作方法，而是从根本上帮助来访者重新建立对人生的进取态度。很多人问我，心理咨询所里面与病人探讨最多的是什么，到底是凄美的爱情，还是繁重的工作？抑或是纷杂的人际关系？再不就是不堪回首的童年经历？我说，又是，又都不是。告诉你一句实话，其实很简单，我们探讨最多的是哲学，就是"我是谁，我到哪里去，我要成为一个怎样的人"这三个问题。听到答案的人总觉得不可思议，以为这是我一种很冠冕堂皇或者很敷衍的回答，但事实真是这样。每个人心理问题的根由，都是因为没有彻底弄明白"我、我与自然、我与他人"这些关系问题。一个人若真的弄明白这些形而上的问题，具体问题就会迎刃而解。根本目标解决了，人就像找到了地基，得到了重生。心理咨询是什么？就是心理师和来访者一起走过他人生中最艰难、最迷茫的沼泽，使来访者寻找到生命中最重要的那些东西。关于具体问题的解决方法，可能有成千上万种，哪一种最好，心理师不一定比当事人更清楚。心理师的作用，就是帮助当事者探索人生和生命的意义，不但让眼前的问题找到了比较好的出口，而且以后即使风浪再大，他都比较有能力自己去迎接。这就是一个人真正的成熟与心理咨询的成功。

这本书，是我在心理咨询过程中写下的一些手记，它涉及了多方面的心理问题，也有很多当事人的曲折故事。它最初的诞生地，应该是我那间镶有美丽玻璃的咨询室。希望这本书能够成为你的朋友。当你忧郁忧伤烦闷的时候，能给你一点小小的帮助。这帮助的力量，来自我书中描写的那些人物，他们的真诚倾吐和改变现状的勇气。当然了，书中的人物已经同真实的案例有了区别，这是为了保护当事人的利益，我想读者朋友们一定能善意地理解。不过，虽然人物有了变化，但他们最后所发生的转变，却是千真万确的。

心理有了问题，这不可怕。就像人的生理机能也会出现种种的问题一样，就算是奥运会世界冠军吧，也会感冒发烧拉肚子，治疗康复之后依然是世界上跑得最快跳得最高的人。谁也不能保证自己的心理在任何时候都没有一点伤痕。所以，心理有了纰漏，抓紧时间调整就是了，心理疾患也像身体上的病痛一样，有病早治，无病早防。只要你不断关注自己的身体健康和心理健康，你会发现，自己的状态越来越好，人生的道路越走越宽广。保持身心强健，是一件多么快乐的事情！从这个意义上讲，我们每个人都要不断强健自己的身心，这是你一生的必修课啊！

成长是一种
美丽的疼痛

谁是你的闺密

某天，我看到工作人员正在清理一堆小山似的硬币，好像是哪个孩子当场砸碎了他的宝贝扑满。我很奇怪，心理机构不是超市银行，似乎不应该搜集如此多的硬币。助手们都很尽职，平常绝不会在业务场所处理私事，看来这些硬币和工作有关。我实在想不明白：硬币和心理咨询有何关系？

助手看我纳闷，就说："这是一个孩子交来的预约咨询费用。"我一时愣怔，心想孩子的钱，是不是应该减免？助手看我不说话，以为我是在斟酌钱的数量，就说："这是那个孩子所有的钱，我打算自己帮她补足。"

我问："钱的事，咱们再说。我想知道孩子是跟着谁来的？"

按照惯例，孩子的问题，都是父母发现后，焦虑不安地领来求助。

助手说："这孩子是自己来的，用压岁钱来付费，父母根本不知道她要来看心理医生。"助手说着，把她的登记表递过来。

工工整整的字迹填写着：张小锦，女，13岁，本市××中学初中一年级学生……

见到张小锦的时候，我吃了一惊。本以为这么敢作敢为挺有主意的孩子，一定人高马大，却不料十分瘦小，穿橙色校服蜷在沙发中，好像一粒小小的黄米。

我说："你遇到了什么事情，需要我们的帮助？"

瘦小的张小锦说起话来嗓门挺大，音调喑哑，有点像张柏芝，仿佛轻巧的身躯里，藏着一根摔裂的长笛。张小锦咬牙切齿道："我请你帮助我——除掉我妈的朋友！"

我着实被吓了一跳。这个开头，有点像黑帮买凶杀人。我说："你很恨你妈妈的朋友？"

张小锦说："那当然！请你千万不要把我的话告诉任何人。你要发誓，永远不能说。"

这可让我大大地为难了。就算一个孩子，如果她图谋杀人，我也要向有关机构报告。如果我拒绝了张小锦的要求，她很可能就拒绝和我说知心话了，帮助便无从谈起。我避开话锋，慢吞吞地回答："你能告诉我，你说的'除掉妈妈的朋友'，是什么意思吗？"

"除掉"通常是血腥的。警匪影片中将要杀死某个人的时候，匪徒们会窃窃私语，吐出这个词。张小锦回答说："我的'除掉'，就是让这个朋友离开我家！不要和我妈没完没了说个不停，让我妈多拿出一点时间来陪我，遇事别老听这个朋友的，也和我聊聊天，也听听我的想法……"

原来是这样！在张小锦的词典里，"除掉"并不是杀死，只是离开。我稍稍松了一口气，说："张小锦，看来你妈妈和你交流不够，你对此很有意见啊。"

张小锦遇到了知音，直起身板说："对啊！我妈有什么心事，只和朋友说，不和我说。我们家的事，是和她朋友关系密切啊，还是和我密切啊？"

张小锦黑亮的眼珠凝神盯着我，目光中带着急切和哀伤。

我立即表态："你们家的事，当然是和你关系最密切了。"

这让张小锦很受用，她说："对啊！那个朋友一天到晚老缠着我妈，让我妈离婚，破坏我们家的和睦！"说着，她长长的睫毛泅湿了。我递过去几张纸巾，张小锦执拗不接，只是不停地眨巴眼睛，希望眼帘把泪水吸干，睫毛就聚成几把纤巧的小刷子。

看来张小锦家充满了矛盾和危机，妈妈的朋友也许正是罪魁祸首。我说："小锦，是妈妈的朋友，让你们家庭变得不幸福了？"

张小锦一个劲地点头："正是！"

我说："妈妈的坏朋友具体是个怎样的人？"

张小锦突然有点踟蹰，说："其实这人也不算太坏，逢年过节都会给我买礼物，是我妈的闺密。"

晕！我一直以为妈妈的朋友是个男人，甚至怀疑他就是破坏张小锦家的第三者。现在才知道，朋友是个女的！有一瞬间，闪过张小锦的妈妈是不是个双性恋的念头。要不然，怎么两个女人之间的关系，会引发张小锦这样大的恼怒！

咨询师的脑海就像一台高速运转的电子计算机，来访者的任何一句谈话，都会在咨询师脑海中引发涟漪。一千种可能性像漂流瓶在波涛中起伏，你不知道哪一只瓶内藏着来访者心中的魔兽。也许你以为是症结所在，穷追不舍紧紧跟踪，结果不过是一朵七彩泡沫。也许你忽视掉的片言只语，却潜藏着最重要的破解全局的咒语。这一次，我的方向差了。

我想起了老师的教导：你不能以自己的主观猜测代替事实的真相。你永远不能跑到来访者的前面去，你只能跟随……跟随……还是跟随。

我调整了心态，对张小锦说："你妈妈和女友之间的关系，让你忌妒。"

张小锦不解地重复："忌妒？我好像没有想到这一点。"

我说："以前没想到不要紧，现在开始想也来得及。"

张小锦偏着脑袋想了一会儿说："好吧，你说我忌妒，我承认。人家都说女儿是妈妈的小棉袄，可我妈妈硬是把我当成了破大衣，心里话都不跟我讲。"

我说："你妈妈的心里话是什么呢？"

这一次，张小锦反常地沉默了，很久很久。如果我不是一个训练有素的心理师，也许我就睡着了。我等待着张小锦，我知道这些话对她一定非常重要，讲出口又非常困难。

终于啊终于。张小锦说："哼！他们都以为我不知道，他们合伙来骗我。我也愿意装出一副傻相，让他们以为我不知道。他们自以为知道一切，其实我在暗里，比他们知道得更多！"

简直就是一个绕口令！我彻头彻尾被这个有着破碎长笛一样沙哑嗓音的女生弄糊涂了。我要澄清在她的字典里，"他们"是谁？

"是我爸爸、我妈妈，还有那个和我爸爸相好的女人。当然，还有我妈妈的闺密……"张小锦的话匣子终于打开了。原来，张小锦的爸爸有了外遇，和另外一个女子暧昧，被放学回来的张小锦撞见了。从此，张小锦见了爸爸不理不睬，爸爸反倒对张小锦格外好。张小锦决定不把这件事告诉妈妈，因为那样家就很可能破碎。张小锦知道那些父母离婚的同学，基本上都很自卑。张小锦心想，只要妈妈不发现这件事，家庭就能保全。她一次又一次地帮着爸爸遮掩，让妈妈蒙在鼓里。然而，妈妈还是察觉到了某种蛛丝马迹，开始敏感而多疑。张小锦很怕出事，就故意胡闹，分散妈妈的注意力，实在没法子了就生病。无论妈妈多么在意爸爸的一举一动，只要张小锦一发烧，妈妈就把所有的注意力都放到了张小锦身上，无暇他顾，爸爸的危机就化解了。可爸爸不知悔改，变本加厉。张小锦就是再用十八般武艺转移妈妈的注意力，妈妈还是越来越接近真相了。妈妈对自己的好朋友痛哭一场和盘托出。这位闺密是个刚烈女子，疾恶如仇。她不断和妈妈分析爸爸的新动向，号召妈妈奋起抗击。妈妈很痛苦，和闺密无话不谈，最近已经到了商议如何去法院告道德败坏的爸爸，讨论分割财产和张小锦的归属……张小锦用大量的精力偷听她们的谈话，惊恐万分。好比外敌入侵，妈妈的闺密是主战派，张小锦是主和派。张小锦要维护家园，当务之急就是除掉闺密！她走投无路，不知道跟谁商量。跟同学不能说，要维持幸福家庭的假象；跟亲戚不能说，爸爸妈妈都是好面子的人，张小锦不愿亲人们知道家中正在爆发内乱；跟老师也不能说，她害怕老师从此把她当成需要特别关心爱护的弱势者。百般无奈的张小锦想到了心理医生，就把所有的私房钱都拿出来做了咨询费。

听完了这一切，我把张小锦抱在怀里，她像一只深秋冷雨后的蝴蝶，每一根发丝都在极细微地颤抖。不知道在这具小小的躯体里，隐藏了多少苦恼愤怒！她还是个孩子啊，却肩负起了成人世界的纷争，为了自己的家庭，咽下了多少委屈辛酸的苦果！

许久后，我说："小锦，设想一个奇迹。假如你妈妈的闺密突然消失了，你们家就能平静吗？"

张小锦认真想了一会儿说："可能会平静几天吧？但我妈已经起了疑心，她会穷追到底，我爸迟早得露馅。"

我说："这么说，闺密并不是事情的症结……"

张小锦是个聪明孩子，马上领悟过来，说："事情的根本是我爸妈自己！"

我说："你同意我请你的爸爸妈妈到这里来，咱们一同讨论你们家的情况吗？"

张小锦害怕地抱起双肩说："他们会离婚吗？"

我说："不知道，咱们一块努力吧。只是有一条，这一次，你不能装作什么都不知道，你要把你所知道的一切和感受都说出来。包括你对父亲第三者的印象，还有你对妈妈闺密的看法。

你要表达你对父母的期待和对一个完整的家的爱。"

张小锦说:"天啊!在爸爸妈妈眼里,我一直是个善解人意的乖乖女,这下子,我岂不是变成了刺探情报两面三刀的小克格勃?!不干!不干!"

我说:"这是否比你失去爸爸妈妈和家庭瓦解更可怕?"

张小锦捂着眼睛说:"好吧。我知道什么事最可怕。"

…………

我们和张小锦的爸爸妈妈取得了联系,他们一同来到咨询室。经过了多次的家庭讨论,这其中有很多激战和眼泪。张小锦的爸爸终于决定珍惜家庭,和第三者一刀两断。妈妈也说看在小锦一番苦心上面,给爸爸一个痛改前非的机会。

结束最后一次咨询,张小锦离开的时候,悄悄地对我说:"现在,我也有了一个闺密,给我出了个好主意。"

我说:"谁呀?"她说:"就是你啊!"

红与黑的少女

来访者进门的时候，带来了一股寒气，虽然正是夏末秋初的日子，气候还很炎热。

女孩，十七八岁的样子，浑身上下只有两种颜色——红与黑。这两种美丽的颜色，在她身上搭配起来，却成了恐怖。黑色的上衣黑色的裙，黑色的鞋子黑色的袜，仿佛一滴细长的墨汁洇开，连空气也被染黑。苍黄的脸上有两团夸张的胭脂，嘴唇红得仿佛渗出血珠，该黑的地方却不黑，头发干涩枯黄，全无这个年纪女孩青丝应有的乌泽。眼珠也是昏黄的，裹着血丝。

"我等了你很久……很久……"她低声说自己的名字叫飞茹。

我歉意地点点头，因为预约人多，很多人从春排到了秋。我说："对不起。"飞茹说："没有什么对不起的，这个世界上对不起我的人太多了，你这算什么呢！"

飞茹是一个敏感而倔强的女生，我们开始了谈话。她说："你看到过我这样的女孩吗？"

我一时不知如何回答好，就说："没有。每一个人都是特殊的，所以，我从来没有看到过两个思想上完全相同的人，就算是双胞胎，也不一样。"

这话基本上是无懈可击的，但飞茹不满意，说："我指的不是思想上，我知道这个世界上绝没有和我一样遭遇的女孩。打扮上，纯黑的。"

我老老实实地回答："我见过浑身上下都穿黑衣服的女孩。通常她们都是很酷的。"

飞茹说："我跟她们不一样。她们多是在装酷，我是真的……残酷。"说到这里，她深深地低下了头。

我陷入了困惑。谈话进行了半天，我还不知道她是为什么而来。主动权似乎一直掌握在飞茹手里，让人跟着她的情绪打转。我赶快调整心态，回到自己内心的澄静中去。这女孩子似乎有种魔力，让人不由自主地关切她，好像她的全身都散发着一个信息——"救救我！"可她又被一种顽强的自尊包裹着，如玻璃般脆弱。

我问她："你等了我这么久，为了什么？"

飞茹说："为了找一个人看我跳舞。我不知道找谁，我在这个大千世界上找了很久，最后我选中了你。"

我几乎怀疑这个女生的精神是否正常，要知道，付了咨询费，只是为了找一个人看她跳舞，匪夷所思。再加上心理咨询室实在也不是一个表演舞蹈的好地方，窄小，到处都是沙发腿，真要旋转起来，会碰得鼻青脸肿。我当过多年的临床医生，判断她并非精神病患者，而是在内心淤积着强大的苦闷。

我说："你是个专业的舞蹈演员吗？"

飞茹说："不是。"

我又说："但这个表演对你来说，非常重要。为了这个表演，你等了很久很久。"

飞茹频频点头："我和很多人说过我要找到看我表演的人，他们都以为我是在说胡话，甚至怀疑我不正常。我没有病，甚至可以说是很坚强。要是一般人遇到我那样的遭遇，不疯了才怪呢！"

我迅速地搜索记忆，当一个临床心理医生，记性要好。刚才在谈到自己的时候，她用了一个词，叫作"残酷"，很少有正当花季的女生这样形容自己，在她一身黑色的包装之下，隐藏着怎样的深渊和惨烈？现在又说到"疯了"，到底发生了什么？

贸然追问，肯定是不明智的，不能跨越到来访者前面去，需要耐心地追随。照目前这种情况，我觉得最好的方法是尊重飞茹的选择：看她跳舞。

我说："谢谢你让我看舞蹈。需要很大的地方吗？我们可以把沙发搬开。"

飞茹打量着四周，说："把沙发靠边，茶几推到窗子下面，地方就差不多够用了。"

于是我们两个嗨哟嗨哟地干起活来，木质沙发腿在地板上摩擦出粗糙的声音，我猜外面的工作人员一定从门扇上的"猫眼"镜向里面窥视着。诊所有规定，如果心理咨询室内有异常响动，他人要随时注意观察，以免发生意外。趁着飞茹埋头搬茶几的空子，我扭头对门扇做了一个微笑的表情，表示一切尚好，不必紧张。虽然看不到门扇后面的人影，但我知道他们一定不放心地研究着，不知道我到底要干什么。其实，我也不知道下面会发生什么事情，只是相信飞茹会带领着我，一步步潜入到她封闭已久的内心。

场地收拾出来了，诸物靠边，中央腾出一块不小的地方，飞茹只要不跳出芭蕾舞中"倒踢紫金冠"那样的高难动作，应该不会磕着碰着了。我说："飞茹，可以开始了吗？"

飞茹说："行了。地方够用了。"她突然变得羞涩起来，好像一个非常幼小的孩子，难为情地说："你真的愿意看我跳舞吗？"

我非常认真地向她保证："真的，非常愿意。"

她用裹满红丝的眼珠盯着我说："你说的是真话吗？"

我也毫不退缩地直视着她说："是真话。"

飞茹说："好吧。那我就开始跳了。"

一团乌云开始旋转，所到之处，如同乌黑的柏油倾泻在地，沉重黏腻。说实话，她跳得并不好，一点也不轻盈，也不优美，甚至是笨拙和僵硬的，但我一直目不转睛地看着，我知道这不是纯粹的艺术欣赏，而是一个痛苦的灵魂在用特殊的方式倾诉。

飞茹疲倦了，动作变得踉跄和挣扎，我想要搀扶她，被她拒绝。不知过了多久，她虚弱地跌倒在沙发上，满头大汗。我从窗台下的茶几上找到纸巾盒，抽出一大把纸巾让她擦汗。

待飞茹满头的汗水渐渐消散，这一次的治疗时间结束的时候，飞茹说："谢谢你看我跳舞，我好像松快一些了。"

飞茹离开之后，工作人员对我说："听到心理室里乱七八糟地响，我们都闹不清发生了什么事，以为打起来了。"

我说："治疗在进展中，放心好了。"

到了第二周规定的时间，飞茹又来了。这一次，工作人员提前就把沙发腾开了，飞茹有点意外，但看得出她有点高兴。很快她就开始新的舞蹈，跳得非常投入，整个身体好像就在这舞蹈中渐渐苏醒，手脚的配合慢慢协调起来，脸上的肌肉也不再那样僵直，有了一丝丝微笑的模样。也许，那还不能算作微笑，只能说是有了一丁点的亮色，让人心里稍安。

每次飞茹都会准时来，在地中央跳舞。我要做的就是在一旁看她旋转，不敢有片刻的松懈。虽然我还猜不透她为什么要像穿上了魔鞋一样跳个不停，但是，我不能性急。现在，看飞茹跳舞，就是一切。

若干次之后，飞茹的舞姿有了进步，她却不再专心一意地跳舞了，说："你能抱抱我吗？"

我说："这对你非常重要吗？"

她紧张地说："你不愿意吗？"

我说："没有。我只是好奇。"

飞茹说："因为从来没有人抱过我。"

我半信半疑，心想就算飞茹如此阴郁，年岁还小，没有男朋友拥抱过她，但父母总是抱过吧？亲戚总是抱过吧？女友总是抱过吧？当我和她拥抱的时候，才相信她说的是真话。飞茹完全不会拥抱，她的重心向后仰着，好像时刻在逃避什么。身体仿佛一副棺材板，没有任何热度。我从心里涌出痛惜之情，不知道在这具小小的单薄身体中，隐藏着怎样的冰冷。我轻轻地拍打着她，如同拍打一个婴儿。她的身体一点点地暖和起来，柔软起来，变得像树叶一样可以随风飘曳了。

下一次飞茹到来的时候，看到挤在墙角处的沙发，平静地说："你和我一道把它们复位吧。我不再跳舞了，也不再拥抱了。

这一次，我要把我的故事告诉你。"

那真是一个极其可怕的故事。飞茹的爸爸妈妈一直不和，妈妈和别的男人好，被爸爸发现了。飞茹的爸爸是一个很内向的男子，他报复的手段就是隐忍。飞茹从小就感觉到家里的气氛不正常，可她不知道这是为了什么，总以为是自己不乖，就拼命讨爸爸妈妈欢喜。学校组织舞蹈表演，选上了飞茹，她高兴地告诉爸爸妈妈，六一到学校看她跳舞，爸爸妈妈都答应了。过节那天，老师用胭脂给她涂了两个红蛋蛋，在她的嘴上抹了口红。当她兴高采烈回家，打算一手一个地拉着爸爸妈妈看她演出的时候，她见到的是两具穿着黑衣的尸体。爸爸在水里下了毒，骗妈妈喝下，看到妈妈死了后，再把剩下的毒水都喝了。

飞茹当场就昏过去了，被人救起后，变得很少说话。从那以后，她只穿黑色的衣服，在脸上涂红，还有鲜艳欲滴的口红。飞茹靠着一袭黑衣保持着和父母的精神联系和认同，她以这样的方式，既思念着父母，又抗议着被遗弃的命运。她未完成的愿望就是那一场精心准备的舞蹈，谁来欣赏？她无法挣扎而出，找不到自己存在的价值和重新生活的方向。

对飞茹的治疗，是一个极为漫长的过程，我们共同走了很远的路。终于，飞茹换下了黑色的衣服，褪去了夸张的化妆，慢慢回归到正常的状态。

最后分别的时候到了，穿着清爽的牛仔裤和洁白衬衣的飞茹对我说："那时候，每一次舞蹈和拥抱之后，我的身心都会有一点放松。我很佩服'体会'这个词，身体里储藏着很多记忆，身体释放了，心灵也就慢慢松弛了。这一次，我和你就握手告别。"

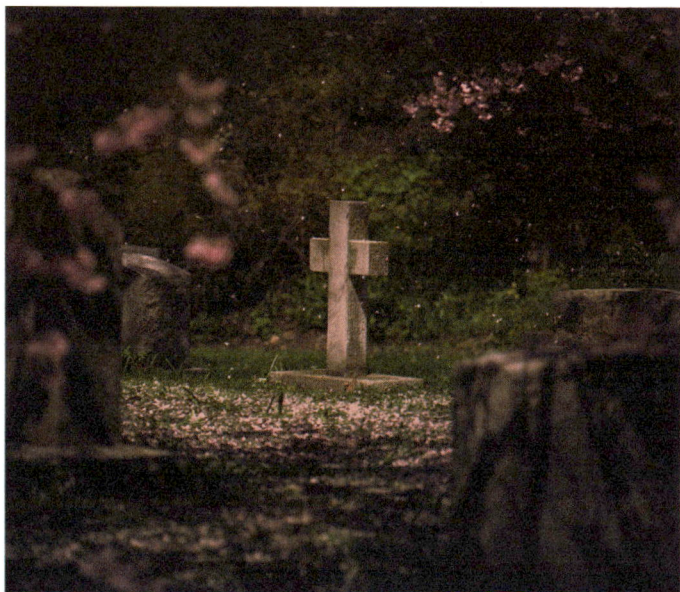

出卖冥位的女生

　　来访者是一位中年女子，衣着得体，名叫鞠鸣凤。在她的登记表"心理咨询事由"一栏中，填写的是"人为什么要出卖冥位？"。结尾处的问号又长又大，像一根生了锈的铁锚直击海底。

　　我看着这问号愣了一会儿。别说她不知道这个问题的答案，我连冥位是什么东西都不清楚。好在，我并不着急。世界上的万物就是如此复杂，一个咨询师不可能什么都知道。这不是咨询师的耻辱，只是一个真实。不过，世界上的万物又都是有规律可循的，只要跟随着来访者的脚步，我们就有可能一同到达彼岸。

　　鞠鸣凤坐下后，第一句话是："你知道什么是冥位吗？"

　　我老老实实地回答："不知道。很希望你告诉我。"

鞠鸣凤说："冥位就是埋葬死人的地方。可以是一块地，也可以是一棵树、一个花坛，也可能是灵塔上的一个格子。"

我明白了一点点，但也更糊涂了。我说："难道一个人可以埋在这么多的地方吗？"

鞠鸣凤说："不是。也许是我没说清楚，每个人死后只占据一个冥位，冥位是商品。要知道冥位是可以买卖的。现在房地产涨价，阴间的地盘也紧张起来，所以，有些人成了殡葬业的推销员，就是出卖冥位的人。"

原来是这样。大千世界，真是无奇不有啊。我说："谢谢你告诉我这样的知识。原来出卖冥位是世上的新行当。"

鞠鸣凤说："本来这行当新呀旧的跟我没关系，可没想到我的女儿鞠小凤卷了进去，一天像着了魔似的推销冥位……"

我有点吃惊。鞠女士的年纪也就四十出头，她的女儿能有多大呢？不到二十岁吧？小小年纪就做了成天推销埋葬死人骨灰的业务员，这太匪夷所思了吧？鞠鸣凤看出了我的疑惑，说："是啊，她还在上高中。我今天来找你，就是为了解决她的问题。现在，我马上出去，把她换进来。让她自己跟你说说到底是怎么一回事吧！"说完，她起身走出门去。外面负责接待的工作人员不知发生了何事，以为她对我的咨询不满，半路上扬长而去。

我轻轻摆摆手，示意工作人员不要阻拦。

这真是我工作经验中的一个新鲜事。咨询过程居然像篮球比赛，玩起了半路换人。我且要看看这个正上高中，却成了冥位推销员的小姑娘，是个怎样奇特的人。或许穿着哈韩哈日的肥裤腿吧？或者衣衫褴褛头发被发胶粘成图钉状？或者一身迷彩戴着贝雷帽手握仿真枪……

我所有的想象都在现实的面前碰得粉碎。鞠小凤身材高挑，健康活泼，身穿一套天蓝色夹有雪白条纹的校服，一步三跳地走了进来。她毫不认生地一屁股坐在她妈妈刚才的位置上，说："嗨！听我妈妈一讲，你一定以为我是个怪物吧？其实，我非常正常。本来不打算到你这儿来的，后来一想，我也没见过心理咨询师是什么样的，开拓一下自己的见识也很重要。再说，没准我还能向你推销一两个冥位呢！"

目瞪口呆。没想到我居然成了她的推销对象。

我调整了一下思绪，说："小凤，谢谢你。我还真没想到要为自己置办一处冥位的问题。"

鞠小凤丝毫不受打击，依旧兴致勃勃地说："没想到不要紧，现在开始想想也来得及。你知道，伟大领袖毛主席说过，人必有一死。死了以后，你住在哪里呢？总要有一个地方吧？要么变成一棵树，要么变成一朵花，要么就安安静静地睡在泥土里……你现在就可以选择。对了，老师，我现在就向你介绍一个好地方，山清水秀的，空气可好了。最主要的是邻居好……"

"邻居好？"我不由得失声追问。

"对啊！"鞠小凤兴头正高，眉飞色舞地说，"你以为灵魂就不需要邻居了吗？一样需要，甚至更重要。因为灵魂像风一样，经常到外面去飞翔，自己的家就要托邻居照料。这处冥位，旁边都是知识分子，有大学教授啊，有律师和医生啊，最有意思的是，还有一位是大使，这样你还可以听到很多外国的故事……"

鞠小凤说得津津有味，我跟着她的语调，真的想到了一片开阔的青草地，鸟语花香，然后仿佛看到一群西服革履的人，正谈笑风生。

天啊，这个小姑娘真是不简单，连我这把年纪的人，都被她蛊惑。

"怎么样？买一个冥位吧？"鞠小凤问我。

我赶紧回到自己的工作状态，对她说："你干这行多长时间了？"

鞠小凤说："没多久。我是偶然知道这个消息的。其实并不复杂，都是正规陵园，手续齐全。我们推销出一套冥位，就能有一定的提成。我也不会耽误学习。"

我说："你做这个工作，是为了挣钱吗？"

鞠小凤说："挣钱肯定是一个原因。像我们这个年纪的女孩子，都是向家里要钱的，我第一次拿到我的提成时，非常高兴。因为这证明了我的能力。但是，钱并不是最重要的。"

我点点头表示理解，追问："那么，什么是最重要的呢？"

鞠小凤好像很不愿意触及这个问题，说："一定是我妈妈跟你说了很多坏话。好像我一个女孩子干这事，是大逆不道。她非常害怕死亡，还说我以后长大了，要是让人知道我曾经干过这个行当，肯定会嫁不出去的。可是，我不怕。我不害怕死亡。"

鞠小凤说这些话的时候，神色迷离，目光弥散，一下子失魂落魄。

按说一个女孩子不害怕死亡，是难得的勇敢，可我总觉得有什么地方不对头。不过从这个方向探寻她的内在世界，难以进入。我略一沉思，发现了一个问题——她妈妈叫鞠鸣凤，她叫鞠小凤。按说鞠这个姓氏并不常见，难道说一家三口都姓鞠不成？如果不是这样，鞠小凤就是从母姓，那么鞠小凤的父亲到哪里去了呢？

我决定从这个方向入手。我说："小凤，我看你对死亡的认识很豁达，如果你不介意的话，能同我谈谈你的父亲吗？"

鞠小凤说："我妈妈没跟你说吗？"

我说："没有。她只是说到了你。"

鞠小凤平静地说："我的亲生父亲在我很小的时候，就在一次飞机失事中去世了。当时飞机一头扎到海里，所有的人尸骨无存。后来，我妈妈就带着我改嫁了，继父对我很好。嗯，很简单，就是这样。我妈妈又把我的姓改成了她的姓。从此，我的亲生父亲在这个世界上，就没有任何痕迹了。"

我发觉鞠小凤把"尸骨无存""任何痕迹"几个字咬得很重。如果把她这段话比作一块木板，那么，这几个字，就像木板上凸起的木疤，显而易见，触目惊心。

我基本上找到了症结。我说："你非常思念你的父亲？"

鞠小凤的眼眶一下子红了，说："无论我的继父对我多好，可是，我的骨头我的牙齿我的头发，不是他给我的。是那个在这个世界上消失得无影无踪的人给我的。我非常想念他。可是，我不敢让我妈妈发现，那样，她就会觉得委屈了我。其实，那不是她的过错。我只是用我的方式，纪念我父亲。"

我紧紧跟上一句："什么叫作你的方式？"

鞠小凤说："那就是思索和死亡有关的一切。比如，我认为死后是有灵魂的。我认为人是应该留下一点痕迹的，不然的话，我们的哀伤就找不到地方寄托。"

我知道，我们已经渐渐逼近了问题的核心。

我说："你觉得哪些可以称之为痕迹呢？"

鞠小凤说："比如一块土地。比如一朵花。比如一棵树。不能什么都没有。那样，活着的人会受不了的。"

我说："所以，你父亲的逝去，让你受不了。所以，你就选择了出售冥位。你希望和你有一样遭遇的人，可以找到寄托自己哀思的地方。其实，你最希望的是知道父亲居住的地方。"

鞠小凤没有任何先兆地放声痛哭。少女的声音清脆而具有穿透力。

鞠小凤的妈妈不顾一切地推开门，想冲进来。我赶忙走出去，好在鞠小凤沉浸在自己的巨大伤感中，并没有发觉这一切。

鞠妈妈焦虑万分地说："这孩子怎么啦？我拉着她来看心理医生，没想到她号啕痛哭。看样子，旧病未去，新病又来，这孩子是越来越不靠谱了。"

我说："你放心。她在为自己的父亲感到哀伤。"

鞠妈妈半信半疑说："她那时候非常小，几乎不记事啊。"

我说："鞠小凤是个非常聪明敏感的孩子，对父亲的怀念，让她比一般孩子更早熟。这种没有经过处理的哀伤，一直潜伏在她的心灵深处，所以才有了去出售冥位这样的怪异选择。现在，就让她尽情地哭一场吧。"

我们就这样一直安静地等待着，直到鞠小凤渐渐停止了哭泣。我走进去说："你可以给你的父亲写一封信。把你所有想和他说的话，都写在里面。"

鞠小凤说："写好了之后呢？"

我说："你可以把它放在河流中，也可以系在一棵树上，也可以用火焰烧掉。在古老的习俗中，火焰是通往另一个世界的阶梯。"

鞠小凤擦着眼泪说："我明白了。冥位其实就在我们思念亲人的任何地方。"

LEMON

LEMON

长相这件事

有一天，我收到了一封读者来信，撕开之后，落下来一张照片。先看了照片，没什么特别的感觉，待看了信件之后，心脏的部位就有些酸胀的感觉。我赶快伏案，写了一封回信。（是手写的，不是用电脑打出来的。我在回信这件事上，总是顽固地坚持手工操作。）现在征得那位女孩子的同意，把她的信和我的回复一并登出来，但愿她的父母会看到。

毕阿姨：

你好！

我有一个痛彻心扉的问题。我的爸爸妈妈都长得很好看，简直就是美女和帅哥的超级组合。（他们那个年代还没有这样时髦的词，好像用的是"秀丽"和"精干"这两个形容词。）人们都以为他们会生出一个金童玉女来，可惜我就恰恰取了他们的缺点组合在一起了，长得一点也不漂亮。我从小就习惯了人们见到我时的惊讶：哟，这个小姑娘长得怎么一点也不像她的爸爸妈妈啊！最令人伤感的是，我爸爸妈妈也经常会这么说，同时面露极度的失望之色。为此，我非常难过，也不愿和他们在一起走。现在唯一的希望就是他们快快老起来，那时候，他们就不会太好看了，而我还年轻，是不是可以弥补一下先天的不足啊？你说呢？寄上一张我的照片，但愿不会吓着你。

肖晓

肖晓：

你好！

我看到了你寄来的照片，情况不像你说得那样悲惨啊！相片上，你是一个很可爱很阳光的少女哦！也许你的父母真是美男子和美女的超级组合，（遗憾你没有寄来一张合影，那样的话，我也可以养养盯着电脑太久而昏花的双眼了。）在这样的父母笼罩之下，真是很容易生出自卑的感觉，此乃人之常情，你不必觉得是自己的错。不过，如果你的父母也这样埋怨你，你尽可以据理力争。找一个至爱亲朋大聚会的场合，隆重地走到众人面前，一本正经地说："嗨，大家请注意，我是一件产品，内在的质量还是很好的，至于外表，那是把我制造出来的设计师的事，你们如果有意见，就找他们去提吧，或者把产品退回去要求返修，把外观再打磨一下。"但愿当你说完这番话之后，大家就会面面相觑，微笑着不再说什么了。

人们总是非常愿意评价他人的长相，有时单凭长相就在第一时间做出若干判断。这也许是从远古时代就流传下来的一种近乎本能的习惯，那时候的人会凭借着长相，判断对方和自己是不是同属于一个部落和宗族，是不是有良好的营养和体力，甚至性情和脾气也能从面部皱纹的走向看出端倪来。现代人有了很多进步，但在以貌取人这方面，基本上还在沿用旧例，改变不大。有一句流传很广的话是这样说的——人的长相这件事，在三十五岁之前是要父母负责的，但在三十五岁之后，就要自己负责了。我有时在公园看到面目慈祥很有定力的老女人，心中就会充满了感动。要怎样的风霜才能勾勒出这样的线条和风采？我们看到的不再是先天的美貌桑叶，它们已经被岁月之蚕噬咬得只剩下筋络，华贵属于天地的精华和不断蜕皮的修炼。

从相片上看你还很年轻，长相的公案，目前就推给你的父母吧。我希望你健康地长大，但中年以后的事，恐怕就要你自己负责了。如果你实在不想再听这些议论了，唯一的办法是找到一卷无边无际的胶带，牢牢地糊住他们的嘴巴。看到这里，我猜你会说，你开的这个方子好是好，可我现在到哪里去找那卷无边无际的胶带呢？就是找到了，我能不能买得起？

这卷胶带在哪里，我也不知道。它是怎样的价钱，我也不知道。找找看吧，到网上搜索一番，请大家一齐帮忙找。如果实在是上穷碧落下黄泉也找不到，就只有最后一个法子，那就是让人们说去吧，你可以我行我素，依然快乐和努力地干自己想干的事。

祝你鸡年好！

毕阿姨

你究竟说了些什么

某天，一位朋友给我打电话，说："你到哪里去了？我找得你好苦啊！"因为是很要好的朋友，我也和她开玩笑说："你是不是要请我吃饭啊？我欣然前往。"她着急地说："吃饭有什么难啊，事成之后，我一定大宴于你。只是我们现在要把事情做完，每拖延一天损失就太大了。"

我听出她语气中的急迫，也就收敛起调侃，问道："到底出了什么事？"

她不容置疑地说："我要请你做心理咨询。"我松了一口气，说："你要做心理咨询，这很好啊，看来大家是越来越重视自己的心理健康了。只是我们是朋友关系，我不能给你做心理咨询。我会为你介绍一位很好的心理咨询师，由她给你做。"

朋友说："这个病人不是我，是我的一位同事的亲戚的朋友的孩子。说实话，我并不认识这个病人，和我也没有多密切的关系，人家信任我，我才来穿针引线。"

我说："你真是古道热肠，拐了这么多的弯，还把你急成这样。给你个小小的纠正，来做心理咨询的人不是病人，我们通常称他们为来访者。"

朋友说："这有很大的不同吗？叫病人比较顺嘴。"

我说："很多人来做心理咨询，并不是因为有了心理疾病，而是寻求更好的发展潜能和更亲密的人际关系。"

朋友说："但我说的这个孩子确确实实是病了。当然不是身体上的病，他的身体棒得能参加奥运会，但却不肯去上学。再有两个月就要高考了，这是多么关键的时刻，可他说不上就不上了，谁劝也没用。一家人急得爸爸要跳楼妈妈要上吊，他却无动于衷，整天把自己关在屋里玩电脑，任谁都不见。家里人急着要找心理医生，但这个孩子主意太大了，根本就不答应去。后来，他家里人找到我，让我跟你联系。那孩子说如果是毕淑敏亲自接待他，他就来咨询。现在总算联系上了，你万不能推托。你什么时候有时间呢？让他父母带着他来见你……"

我一边听着朋友的述说，一边查看工作日程表。最近的每一个时段都安排得满满的，只有七天后的傍晚有一小时的空闲。

我把这个时间段告知了朋友，请她问问那位中学生届时有没有空。

朋友大包大揽道："只要你能抽出时间，那边还有什么好说的？他们一定会来的。"

我很严肃地对她说："请你一定把我的原话传过去。首先要再次确认那位学生是自己愿意来谈谈他的想法，而不是被父母强迫而来。第二征询那个时间对他合不合适。如果他有重要的事情，我们还可以再约另外的时间。第三句话就不必传了，只和你有关。"

朋友说："前两件我都会原汁原味地传达到。只是这第三句话是什么，我很想知道，怎么把我这个穿针引线的人也包括进去了？"

我说："第三句话就是，你的任务就到此为止了。因为这种特殊的就诊方式，你已经卷入了开头部分。关于进展和结尾，恕我保密。你若是好奇或是其他原因追问我下文，我会拒绝回答。到时候，请你不要生气。不是我拿糖不理睬你，友情归友情，工作是工作，保密是原则问题，祈请见谅。"

朋友说："好，我把你的话传到就算使命截止，我会尊重你们的工作规定。"

一周后的傍晚，一对衣着光鲜的夫妻押着儿子来了。我之所以用了"押"这个字，是因为夫妇俩一左一右贴身守护那个高大的年轻人，好像怕犯人逃跑的衙役。年轻人走进咨询室的时候，他俩也想一并挤入。

接待人员递给我咨询表格，轻声对他们说："你们并不是整个家庭接受咨询。"

年轻人说："对，这是我一个人的事。"说完懒懒散散走进了咨询室，一屁股坐在沙发上，目光直率地打量着我。我也打量着他。

他叫阿伦，身高大约一米八三，双脚不是像旁人那样安稳地依着沙发腿放置，而是笔直地伸出去，运动鞋像两只肮脏的小船翘在地板当央。他身上和头发里发出浓烈的汗气，让人疑心置身于一家小饭馆的烂鸡毛和果皮堆的混合物旁。我抑制住反胃的感觉，不动声色地等着他。

"你为什么不先说话？"他很有几分挑衅地开始了。

我说："为什么我要先说话呢？这里是心理咨询室，是你来找的我，当然需要你先说出理由了。"

他突然就笑了，露出很整齐但却一点也不白的牙齿说："你说的也有几分道理啊。不过，是他们要我来见你的。"

我问："他们是谁？"

阿伦歪了歪脖子，用鼻尖点向候诊室的方向，在墙的那一边，走动着他焦灼不安的父母。

我表示明白他的所指，把话题荡开，问道："你好像比他们的个子都要高？"

他好像受到了莫大的夸奖，说："是啊。我比他们都高。"

我说："力气好像也要比他们大啊？"

阿伦很肯定地点头说："那是当然啦！我在三年前，掰腕子就可以胜过我父亲了。"

我把话题一转："如果你不愿意来，你的父母是无法强迫你到心理咨询师这里来的。"

阿伦愣了一下，说："对。我是自愿的。"

我说："既然你是自愿来的，那你有什么问题要讨论呢？"

阿伦说："我其实没有问题。是他们觉得我有问题。我不过是上上网，玩玩电子游戏，有什么大不了的？"

我不想跟阿伦在到底是谁有问题的问题上争执不休。因为第一次咨询的任务，最主要是咨询师要和来访者建立起良好的关系，培养起信任感并了解情况。我说："你一天上网的时间是多少呢？"

他说："大约十八个小时吧。"

我无法掩饰自己的惊讶，问道："那你何时吃饭何时睡觉呢？"

阿伦说："饿了就吃，一顿饭大约用三分钟。实在熬不住了，就睡，每次睡十五分钟再起来战斗。我发现人一天睡五小时就足够了，说睡八小时那是农耕时代的懒惰。"

我说："首先恭喜你……"

我的话还没有说完，就被阿伦打断了："你不是在说反话吧？"

我很惊奇地反问他："你从哪里觉得我是在说反话呢？"

阿伦说："所有的人知道我这样的作息时间之后，都说我鬼迷心窍，哪能一天只睡五小时呢？"

我说："我要恭喜你的也正是这一点。因为通常的人是需要每天睡眠八小时，如果你进行了正常的工作学习而我五小时睡眠就能恢复精力，这当然是值得庆贺的事情。每天能节约出三小时，一辈子就能节约出若干岁月，你要比别人富裕出很多时间呢，当然可喜可贺。"

阿伦点点头，看来相信我说的是真心话。我紧接着问道："那你何时上学做功课呢？"

阿伦皱起眉头说："你是真不知道还是假装不知道呢？我已经整整二十八天不去上学了。"

我发现当他说到二十八天的时候，眼睫毛低垂了下去。我说："看来，你还是非常在意上学这件事的。"

他立刻抗议道："谁说的？我再也不想回到学校了，那是我的伤心之地。"

我说："你连每一天都计算得这样清楚，当然是重视了。

只是我不知道，在二十八天以前，发生了什么重大的事情，让你做出了不再上学的决定，直到今天还这样愤怒伤感。"

阿伦很警觉地说："你到学校调查过我了？"

这回轮到我笑起来说："你真高估了我。你以为我是克格勃？我哪有那个本事！"

阿伦还是放不下他的戒心，说："那你怎么知道二十八天以前发生过什么重大的事情？"

我收起笑容说："能让你这么一个身高体壮智力发达反应灵敏的年轻人做出不上学的决定，当然是一件重大的事情啦！"

阿伦说："你猜得不错。二十八天之前，正好是我们模拟报高考志愿的时候。我看到发下来的报名表，想也没想就填上了'清华大学'。当然了，我的成绩与上清华还有很大的差距，但我想，距离考试还有几个月的时间，谁说我就不能创造出点奇迹呢？再有，气可鼓而不可泄呢，这也是兵法中常常教导我们的策略嘛！

"没想到代课老师走到我面前，斜了一眼我的志愿说，就你这德行也想报清华，你以为清华是自由市场啊？

"那天正好我们的班主任因病没来，要是班主任在，也许就不会出事了。这位代课老师因为我有一次打篮球没看见她，忘了问好，就被她记了仇。

"我说，怎么啦，清华就不能报了？

"老师说，也不看看自己的成色，别给学校丢人了，这样的报考单送到区里做摸底统计，人家不说你不知天高地厚，反倒说是老师没教会你量力而行……

"如果老师单单说到这里就停止，我也就忍气吞声了。学校里，老师挖苦学生是天经地义的事，我们都麻木了。我低下了头，但老师却不依不饶，她撇着嘴说，就这样的人还想为校争光，那我就大头朝下横着走！"

听到这里，我忍不住插话道："这位老师如此伤害你的自尊心，我听了很生气。"

阿伦没理我，自顾自说下去。

"不知为什么，老师这句话强烈地刺激了我，一想起面目可憎的老师能像个螃蟹似的，头抵着地在地上爬行，我就不由自主地哈哈大笑起来。老师摸不着头脑，但是能感觉到我的笑声和她有关，就厉声命令我不要笑。但我依旧大笑不止，她束手无策。那天我笑得天昏地暗，从学校一直笑回了家，闹得父母很吃惊，以为我考了一百分。

"我走火入魔似的陷入了这种想象之中，但是要让老师真的趴在地上，是有条件的，我必得为校争光。真能考上清华吗？我没有这个把握，若是考不上，岂不验证了老师对我的评判？我就滋生了放弃高考的念头。一场考试，如果我根本就没有参加，就像武林高手不曾刀光剑影华山论剑，你就无法说谁是武林第一。但是放弃了高考，我用什么来证明自己呢？我想到了网络游戏……"

说到这里，阿伦抬起头，问道："你玩网络游戏吗？"

我老老实实地回答："不玩。我老眼昏花的，根本就反应不过来。"

阿伦同情加惋惜地叹口气说："那你也一定不知道魔兽、部落、联盟这些术语了？"

我说："真的很遗憾，我不知道，但我很想向你学习。"

我说的是真心话。既然我的来访者是这方面的高手，既然他沉迷于网络不能自拔，我当然要向他请教，我要进入他的世界，我要感同身受地体验到他的快乐和迷惘，我必须要了解到第一手的资料和感受。

阿伦说："那我就要向你进行一番普及教育了。"他说着，有点似信非信地看着我。

我马上双手抱拳，很恭敬地说："阿伦老师，请你收下我这个学生。只是我年纪大了，脑瓜也不大好使，还请老师耐心细致地讲解，不要嫌弃我笨。如果有不明白的地方，我会提出来，也请老师深入浅出地回答。"

他快活地笑起来，说："我一定会耐心传授的。"说完，就一本正经地向我解释起经典游戏的玩法。我非常认真地听他讲授，重要的地方还做个笔记。说实话，我专心致志的劲头，只有当年在医学院做学生听教授讲课的时候才有。

交流平稳地推进着，离结束只有十分钟时间了。按照咨询的惯例，我要进入到"包扎"阶段。也许在不同的流派里，对于这段时间的掌握和命名各有不同，但我还是很喜欢用"包扎"这个术语。咨询的过程，在某种程度上就是打开了来访者的创伤，当来访者离去之前，一个负责任的心理咨询师要把这伤口消毒与缝合，让来访者在走出咨询室的时候，不再流血和呻吟。心理创伤和生理创伤一样，陈年旧疾和深刻的刀口，都不是一朝一夕可以愈合如初。心理咨询师要有足够的耐性和准备，第一次咨询主要是建立起真诚的信任关系和了解情况，其余的工作来日方长。

我说："谢谢你如此精彩的讲解，现在，我对网络游戏有了一些了解。"

阿伦轻快地笑起来，说："能和你这样谈话，真是很愉快啊。我还要再告诉你一个重要的秘密，我就要代表中国和韩国的选手比赛，如果我们赢了，那就真是为国争光了！"

我伸出手来祝贺他说："你在游戏中充满了爱国精神。"

他紧紧地握住了我的手，说："你说的是真心话吗？"

我说："当然，你可以使劲握住我的手，你可以感觉到我的手的力量。如果我是假的，我会退缩。"

阿伦真的握住了我的手，我感觉到他的手在轻轻地发抖。

分手的时间到了，我对阿伦说："谢谢你对我的信任，告知我那么多的知心话，我会为你保守秘密的。也谢谢你耐心地为我这样一个游戏盲讲解游戏，让我对此有了一定的了解。我希望在下个星期的这个时间能够看到你来，咱们还要讨论为国争光的问题呢！"

阿伦脸上的神色突然变得让人琢磨不透。他对我说："原谅我下周的这个时间不能来你这里了。"

我尊重阿伦的意见，因为如果来访者自己不愿意咨询了，无论咨询师多么有信心也无法继续施行帮助计划了。

我表示理解地点点头。

阿伦突然扬起了眉毛，说："下个星期的这个时候，我想我是在学校上晚自习吧？你知道，毕业班的功课是非常吃紧的。"

我大吃一惊。说实话，在整个咨询过程里，不曾探讨上课的事，我认为时机未到。

阿伦是个无比聪明的孩子，他看出了我的困惑，说："我知道爸爸妈妈领我来的意思，谢谢你没有说过一句让我回去上课的话。在来的路上我就想好了，如果你也千篇一律地劝我的话，我会扭头就走。谢谢你，什么也没说。你向我讨教游戏的玩法，我很感动。从小到大，还没有一个成年人如此虚心地向我求教过，这样耐心地听我说话。还有，你最后祝愿我为国争光，我非常高兴，你终于理解我的不上学，其实只是想证明自己是有能力做一些事情，并且能做好的。对了，你还表示了对那个老师的愤慨，让我觉得很开心，觉得自己不再孤独和愚蠢……现在，我不需要再用网络游戏来证明什么给那个老师看了，我要回到书本中去。我知道这也是你希望的，只是没有说出来罢了。"

我们紧紧握手，这一次，他的手掌都是汗水，但不再抖动。

过了暑假，那位朋友跟我说："你用了什么法子，让那个网络成瘾的孩子改邪归正的？他的父母非常感谢你，因为他考上了重点大学，真是考出了最好的成绩呢！他们想请你吃饭，邀我作陪。"

我说："咱们可是有言在先的，我不能向你透露任何相关的信息，也不能赴宴。如果你馋虫作怪，我来请你吃饭好了。"

朋友说："我看他们感谢你还不是最主要的目的，主要是想探听出你究竟跟他们的儿子说了点什么，能有这么大的功效。"

我说："那一天，我说得很少，阿伦说得很多。其余的，无可奉告。"

最重的咨询者

我猜你第一眼看到这个题目，一定以为是"最重要的咨询者"。很抱歉，不是最重要，是最重。你可能要大吃一惊，说你们的心理咨询室里还设磅秤吗？每个来咨询的客人，都要量体重吗？

并没有人体秤，我也从来没有问过来访者的体重。只是这位来访者实在太胖了，不用任何器械，我也能断定他在我所接待过的来访者中体重第一。

他穿了一条肥大的牛仔裤，一看就是那种出口转内销的外贸尾单货，专为欧美等国特大号胖子装备的。上身是一件黄绿相间的花衬衣，有点苏格兰格子的味道，想来是从国外淘回来的，亚洲人难得有这样庞大的规格。他名叫武威，正在上大学三年级。

"我好着呢！什么毛病也没有！"武威开门见山地说。他小山似的身体将咨询室的沙发挤得满满当当，腰腹部的赘肉从沙发的扶手镂空处挤出来，好像是脂肪的河流发山洪外溢了河道。我暗自庆幸当年置办办公家具的时候，选择了不锈钢腿的沙发。若是全木质精雕细刻的，在这样的负荷之下，难免断裂。

我说："既然你觉得自己一切正常，为什么到我们这里来呢？"

我问这话，不单单是一个询问策略，实实在在也是自己心中的困惑。当然了，武威的体形令人瞠目结舌，但如果当事人不觉得这是一个问题，心理师也犯不上自告奋勇迫不及待地为人排忧解难。

武威一笑，笑容有一种孩子般的天真。他说："我说我觉得自己正常，但这并不代表着我的家人也觉得我正常。"

我说："这么说，是家里人让你来看心理医生的？"

武威说："可不是吗！他们说我太胖了，马上就要面临大学毕业找工作，像我这样的体形，会受到歧视。更甭说以后找对象结婚的事了。总之，他们让我减肥，我吃过各式各样的减肥药，喝过名目繁多的减肥茶。还尝试过针灸推拿揉肚子……"

我问："什么叫揉肚子？"

武威说："一种新流行起来的减肥方法，就是好几个人在你的肚子上像和面一样揉啊揉的，据说能把腹部的脂肪颗粒粉碎，这样就可以排出体外了。还有一种吸油纸，就像胶布一样贴在你想减肥的部位，大概过上一个小时，就会看到那片纸变透明了，全都是油滴。"

我大吃一惊。以我当过二十年医生的经验，绝对不相信人体内的脂肪会被一张纸榨出来。

"这是真的吗？"我问。

武威说："有一次，我把吸油纸贴在冰箱外壳上。一个小时之后，吸油纸也是油光闪闪的。"

我愤然："怎么能这样骗人！"

武威说："现在社会上流行以瘦为美，商家就利用人们的这种心理，大发减肥财呗。"

我发现武威虽然看起来动作迟缓，但思维清晰敏捷。

我说："想必你尝试过种种减肥方法而言，都没效果。"

武威说："你说对了一半。就我尝试过的方法而言，公平地说，除了吸油纸是彻头彻尾的骗术以外，其他的多少都有一些效果。它们之中要么是用了泻药，要么使用了西药抑制人的食欲，每次我都能成功地减掉几十公斤。"

我又一次坠入雾海。若是每一次都减肥成功，那么武威目前就不会成为如此庞然大物了。或者说，他以前简直重如泰山？

看到我百思不得其解的模样，武威说："是的，每一次都成功，可是，你知道反弹吗？"

我说："知道。就是体重又恢复到原来的分量了。"

武威说："岂止是原来的分量，更上一层楼了。我就这样，一次又一次地减肥，然后一次又一次地比原来更肥。"

我觉得武威说完这句话，应该愁眉苦脸，起码也会叹一口气吧？可是，武威依然是安之若素的模样，甚至嘴角还浮现出隐隐的笑意。

我有点怀疑自己的眼神，但是，没错，武威脸上并没有任何沮丧的神情，看来，他说自己没有问题，也不是毫无根据的。

但是，面对着这种明显不正常的体重，还要说一切正常，这是不是正是要害所在呢？

我对武威说："我看你对自己的体重，并不觉得有什么不合适的地方。"

武威好像遇到了知音，说："哎呀，你可真说到我的心里了。我并不觉得这不正常。"

把一个明显不对头的事，说成正常，这也是问题啊。我说："武威，你可以有一个选择。你要是觉得自己没有一点问题，你就可以走了。你要是希望自己变得更好，咱们就来探讨一下有关问题。毕竟，你的体重超标了。这是一个事实。"

武威迟疑了一下。看来，他是一个好脾气的胖子，所以，他并不想忤逆父母的意愿，就乖乖地来见心理医生了。不过，他打算走个过场，然后就照样我行我素。现在，面临选择，他费了思量。过了一会儿，他说："你说这话我愿意听——谁不愿意把自己变得更好呢？我愿意和你讨论一下我的体重问题。"

很好。显著的进步。武威终于承认自己的体重是一个问题了。

我说："你从小就比较胖吗？"

武威连连摇头说："我小的时候一点都不胖。从十二岁零三个月的时候，开始发胖。以后就越发不可控制，差不多每年长二十斤。要说一个月长一斤多肉，也不是什么了不起的事，但日积月累，就成了现在的样子。"

这段话初听起来，好像很普通。但我注意到了一个奇怪的数字，十二岁零三个月。按说体重增加并不是突然发生的，但武威为什么把时间记得那样清楚呢？

我说："武威，当你十二岁零三个月的时候，发生了什么？"

武威低下头说："我不能告诉你。"

我说："为什么？"

武威说："因为一想起那段日子，我太悲伤了。"

我说："武威，将近十年过去了，你还这样痛苦。我猜想，这也许和你的一位挚爱的人离去有关。"

武威抬起头来，我看到他的眼珠被泪水包裹。他说："你说对了。我从小就是和外婆在一起，她是个非常慈祥的老太太。我从她那里，得到了温暖和做人的道理。我觉得她这样好的人，是永远不会死的。可是，她得了癌症。很多人得了癌症，也都可以治疗，比如化疗什么的，就算不能挽回生命，坚持个三年五载的也大有人在。可我外婆什么治疗都不能做，从发现患病到去世，只有短短的二十天。我痛不欲生，拼命吃饭，从那以后，就踏上了变胖的不归路……"

我的脑海开始快速运转。按说痛不欲生的结果，是令人食欲大减，饭不思茶不饮的，似这般暴饮暴食胡吃海塞搞得体重骤升的，实在罕见。

我说："原谅我问得可能比较细，你吃下那么多东西的时候，想的是什么？"

武威说："我想这就是纪念我外婆的一种方式。"

我又一次糊涂了。纪念亲人的方式，可能有千千万万种，但用超常的食欲来思念外婆，这里面有着怎样的逻辑？

我说："你外婆一直鼓励你多吃饭吗？"

武威说："没有。外婆是非常清秀的江南女子，直到那么老的年纪，都非常美丽，每餐只吃一点点饭。"

我说："那么，你为什么要用吃饭悼念外婆呢？"

武威陷入了痛苦的回忆。许久，他喃喃地说："也许……

是因为……我听到了一句话。"

我说："那是一句怎样的话？"

武威用手支撑着巨大的头颅说："那一天，我到医院去看望外婆。正是中午，大家都休息了。当我路过医生值班室的时候，听到两位值班医生在说话。男医生说，十三床的治疗方案最后确定了没有？女医生说，没有什么治疗方案了，是就是保守对症，减轻病人一点痛苦。男医生问，干吗不手术呢？女医生答，年纪太大了，如果手术，很可能就下不了台子，比不做还糟糕。男医生又问，那么化疗呢？资料上说，现在新的药物对这种癌症效果不错的。女医生接着回答，十三床太瘦弱了，化疗方案一上去，人肯定就不行了，还不如这样熬着，活一天算一天……

"十三床，就是我的外婆啊。

"医生们的这段对话，给我留下了非常深刻的印象。我觉得外婆的死，就是因为她太瘦了，瘦到无法接受治疗，如果她胖一点，就能够战胜死神，就能一直陪伴在我身边……"

武威断断续续地讲着，他的眼泪一滴滴洒落在黄绿相间的格子衬衣上，让黄的地方更黄，绿的地方更绿。胖人的眼泪也比一般人的要硕大很多，每一滴都像一颗透明的弹球。

　　我默默地坐着，能够想象至亲的人离去，给当年的小男孩以怎样摧毁般的打击。他以自己的方式表示着痛人心扉的哀伤，表示着对于死神的强大愤怒，表示着对于外婆的无比眷念……难怪他不认为这是不正常的，难怪他在每一次减肥之后都让自己的体重更加增加。

　　在接下来的多次咨询中，我和武威慢慢地讨论着这些。当然，我不能把自己的判断一股脑地告知他，而是在我们的共同探讨中，渐渐向前。

　　武威后来成功地减下了五十公斤体重，成了英俊潇洒的靓仔。对外婆的悼念也化成了力量，他各方面都很优秀。

爱原来可以
如此豁达

速递来的喜糖

来访者是两个人，一男一女，三十多岁的年纪，衣着整洁，面容平和。一般人如果有了浓重的心事，脸上是挂相的，但这两个人，看不透。第一眼我都不知道到底谁发生了问题。

我说："你们到我这里来，有什么需要讨论的？"

身穿一身笔挺西服的男子说："我是大学的副教授。"端庄女子说："我是他的未婚妻。"

我还是搞不清到底出了什么事。我看着他们，希望得到更进一步的说明。

难道他们是要来做婚前辅导的吗？男子不愧是给人答疑解惑的老师，看出了我的迷惘，说："我们很幸福……"

我越发摸不着头脑了。一般来说，感觉特别幸福的人，是不会来见心理咨询师的。这就像是特别健康的人，不会去看医生。

女子有些不满地说："我们并不像外人看到的那样幸福。的确，我们是在商量结婚，但是如果他的问题不解决，我就不会和他结婚，这就是我督促他来看心理医生的原因。现在，我们到底能不能结成婚，就看在你这里的疗效了。"

我还是第一次碰到这样棘手的问题——一对男女，到底结得成婚还是结不成婚，全都维系于心理医生一身，这责任也太大了吧？我说："我会尽力帮助你们，到底出了什么问题？"

副教授推了推眼镜，对未婚妻说："我觉得这不是个问题，是你非要说这是个问题。你就说吧。"

女子愤愤不平地说："这当然是个问题了。要不，我们问问心理医生，看到底算不算个问题？"

我是真叫他们搞糊涂了。我被他们推为裁判，可是我还根本不知道进行的是何种赛事！

我说："你们俩先不要急。请问：这个问题，到底是谁的问题？"

女子说："你每个月都把自己的工资花得精光，博士毕业后工作八年了，拢共连一万块钱都没攒下来，你说这是不是个问题呢？"

我还是有点摸不着头脑。并不是每个博士都很富有，如果他的钱用到了其他地方，比如研究或是慈善，没有攒下一万块钱，似乎也不是非常大的问题。

男子说："你说过并不计较钱，我也不是个花花公子。每一笔钱都有发票为证，并没有丝毫的浪费。这怎么就成了问题了？"

女子说："这当然是问题了。你是强迫症。"

男子说："关于强迫症，书上说的是以强迫症状为主要临床表现的神经症。患者知道强迫症状是异常的，但无法控制、无法摆脱。如强迫计数，即不由自主地计数；强迫洗手，即因怕脏、怕细菌而不断反复地洗手。我没有犯其中任何一条。"副教授滔滔不绝。

在心理诊室常常会碰到这种来访者，他们的确看了很多书，却还是对自己的问题不甚了了。

我说："我不知道自己理解得对不对：未婚妻觉得自己的未婚夫是强迫症，但是，未婚夫觉得自己不是。是这样吗？"

两个人异口同声说："是的。"

我说："你们谁能比较详细地说一说到底是什么症状？"

女子说："我和他是大学同学，那时候，他好像没有这种毛病。中间有几年音讯全无，大家都忙。最近同学聚会又联络上了，彼此都有好感。现在到了谈婚论嫁的关头，我当然要了解他的经济状况了。我不是一个见钱眼开的女人，但要和一个人过一辈子，他的存钱方式花钱方式，也是我必须要明了和接受的。没想到，他说自己几乎没有一分钱存款。我刚才说不到一万块钱，还是给他留了面子。我们都在高校里当老师，谁能拿到多少薪酬，大致是有数的。我知道他父母都过世了，也没有兄弟姐妹，这样就几乎没有额外花钱的地方，而且他不抽烟不喝酒。那么，钱到哪里去了？我设想了几种可能，要么是他资助了若干个乡下孩子读书。如果是这样，结婚以后，就还要把这个善举坚持下去，只是规模要适当缩小。要么他就是在暗地里赌博，把钱都葬进去了。我再想不出第三种可能性了。我问他，他说只是单位捐款的时候出过一些钱，并没有长期的大规模资助活动。关于赌博，他说自己谦谦君子洁身自爱，要我相信他。我说，这也不是那也不是，钱到哪里去了？他说钱都请客了。我说，你也不是开公司的，也不是公关先生，为什么要老请客呢？他说，他就是喜欢大伙热热闹闹地在一起吃饭。我说，吃就吃呗，轮流坐庄。他说，没有什么轮流坐庄，也没有 AA 制，凡是有他出席的饭局，一概都是他买单。这样日积月累下来，几乎把他的家底都耗光了……"

　　总算理出了一点头绪。我问副教授："是这样的吗？"

　　副教授说："完全正确。这些年来，我是一个酷爱请客的人。不管是同学同事，还是朋友助手，甚至是萍水相逢的人，只要是到了饭点，我就不由自主地想请人吃饭。还不能凑合，一定要到像模像样的馆子，铺上餐巾，倒上茶水，'大张旗鼓'地进餐……而且，一定要由我来结账。如果不是我结账，我会非常痛苦不安，觉得自己对不起人，没有尽到职责。所以在这方面的花销积累起来，就不是一个小数字。特别是近年来我请人吃饭上了瘾，请的人越来越多，饭店的档次越来越高，每月发的工资，加上我的稿费，还有补助什么的，就一股脑地投入到里面。以前是我一个人过，经济上实在紧张了，就忍痛少请两顿。现在打算成家，未婚妻对我的这个爱好深恶痛绝。可是，我改不了。只要是大家在一起吃饭，我就要买单。如果谁不让我买，我就要跟他急，觉得是对我的权利的剥夺……未婚妻说我是强迫症，要我看心理医生，说要是不医好这个毛病，就不跟我结婚了。你说如何是好？"

我恍然大悟。说真的，做心理医生也算阅人无数，以这种症状求助的，还真是头一份。开个玩笑：当时第一个反应就是——如果我身边有这样一个同事就好了，吃饭的时候就有饭辙了。

面对来访者，不能有丝毫的走神。我说："咱们先不说这是个什么症，我们来确认一下，每月请人吃饭到了两袖清风的程度，这是不是一个问题。"

女子说："这当然是一个问题了。"男子执拗地说："我觉得这不算问题。"

我一直想和这个男子单独谈谈，但是贸然地让未婚妻离场，对大家都不好。于是心生一计，对女子说："既然你觉得这件事是问题，而他觉得自己没有问题，那就咱们两个单独谈谈，你看如何？"

女子大叫冤屈，说："我又没有问题，咱们俩谈有什么用？每个月把钱花得一干二净的是他，当然应该是他和你单独谈了。"

我说："好啊。我就和他单独谈谈，请你到外面等一下。"

女子离开了。当房内只剩下我和副教授的时候，我对他说："现在，我希望你非常认真地回答我的问题：一个成年男子，每个月都把自己的薪酬花光了请人吃饭，变得无法控制，婚姻又面临着危机……你觉得这是一个问题吗？如果你觉得是个问题，咱们就向下讨论。如果你觉得这不是个问题，我会尊重你的意见，送你们离开，你已经交付的费用，会退还给你。天下没有人会去帮别人解决一个子虚乌有的问题。"

副教授愣了片刻，思忖着说："如果我一个人过下去，我就不觉得是个问题……但是，我现在要结婚了，这就是一个问题。因为婚姻是两个人的事情，还有经济压力……"

承认这是一个问题，事情就有了曙光。在现实生活中，很多我们判断出有复杂问题的人，自己却浑然不觉，心理医生也只有尊重他们的选择。毕竟这是助人自助的事业，如果本人不奋起改变，所有的外力都会丧失支点。

我说："你想改变吗？所有的改变都会带来痛苦和不安，你不妨好好思考后再做决定。"

我并不打算用这些话激将他，而是实事求是。不想副教授在未婚妻走出去以后，仿佛换了一个人，急切地说："我愿意改变。不单单是为了婚事。我总是在迷迷糊糊之间就一贫如洗了，到了真正需要钱的时候，往往身无分文，这让我很苦恼。说实话，我也用了书上写的治疗强迫症的方法，比如在自己的手腕上缠橡皮筋，一有了想请客的冲动，就拉紧橡皮筋，让那种弹射的疼痛提醒自己……但是，没有用。橡皮筋不知扯坏了多少根，把皮肤都崩肿了，可我还是一边忍着痛苦一边请客……"副教授苦恼地看着自己的手腕，我看到那里有一圈暗色的痕迹，看来真是受了皮肉之苦。

我说："你是说自己明知故犯？"副教授说："对对，是明知故犯。"

我说："那你在这种请客的过程中，一定感到很快乐？"

副教授说："你猜得很对，我就是感觉到快乐，非常快乐。

如果不快乐，我何能乐此不疲！"

我说："最让你快乐的是什么时候？是哪一个瞬间？"

副教授说："最让我快乐的是大家围坐在一张大餐桌前，有说有笑地进餐，觥筹交错，狼吞虎咽，欢歌笑语，其乐无穷。"

我说："谢谢你这样坦诚地告诉我。不然，我还以为最让你快乐的瞬间是掏出皮夹子，一扬手几百上千地买单，十分豪爽。大家都觉得你是及时雨宋江一样的好汉，专门接济天下弟兄。"

我佯作困惑。副教授说："你这样想就大错特错了。把钱花光，不过是个表象。给人留下慷慨大方的印象，并非我初衷。我喜爱的只是那种阖家欢乐的氛围。我的父母都不在了，也没有兄弟姐妹，所以，我所渴望的那种氛围很少有，大家都很忙，没有人陪着我，我只有用钱来买欢乐时光。这就是我的动机。"

我已经初步理清了脉络，原来花钱如流水只为掩盖孤独，原来啸聚餐馆只为千金买乐。

还要继续挖下去。我说："为什么阖家欢乐对你如此重要？"

不料这个问题，让面容持重的副教授热泪盈眶。他说："我从小就在一个革命家庭里长大，父母永远把工作看得比我更重要。在我的记忆里，他们没有为我过过一次生日，也从来没有带我去过公园。甚至逢年过节的时候，也极少在家吃饭。晚上一个人睡下，因为害怕，我把家里所有的灯都打开，困得实在受不了，才迷迷糊糊睡去。后来爸爸对我说，灯火通明太浪费电了，从此我就在黑暗中闭眼，觉得沉没到了水底。我把全家人能在一起吃顿饭看成最大的幸福。父母都在原子基地工作，后来又几乎在同一时间得了恶性肿瘤，英年早逝。他们以生命殉了所热爱的事业，但却给我留下无尽的伤痛。博士毕业后，我回顾四望，孑然一身。在这个世界上，再也没有人能够分享我的快乐与哀愁，也没有人能弥补我内心深深的遗憾和后悔。我唯一可以寄托愿望的，就是请一帮朋友吃吃喝喝。我知道这里面并没有多少可以肝胆相照的人，但我痴迷于那种其乐融融的气氛，让我恍惚实现了童年的梦想……"

这时，副教授已经泪流满面。我把纸巾盒推给他，他把一沓纸巾铺在脸上，纸巾立刻就湿透了。

许久之后，我说："其实你是用金钱完成自己的一个愿望。"

副教授说："是。"

我说："你完成了吗？"

副教授说："没有。我这样做，只是得到了暂时的满足。但曲终人散之后，是更深的孤独。我期冀着下一次的欢聚，但也深深知道，之后就是更深刻的寂寞。我好像进入了怪圈，如果不请人吃饭，我很难受。如果请了，我更难受。"

我说："所以，看来请人吃饭这件事，并不是救赎你的好方法。且不论你是否有足够的财力支撑这种宾客大宴，也不论人家是不是都会来捧场，起码，你没有从这种方式之中获得解脱。"

副教授说："正是这样。"

我说："如果你再去祭奠你的父母，请在他们的墓前，表达像我这样的普通中国人，对他们的怀念和对他们所做出牺牲的敬意。

"你所蒙受的这种痛苦，也是他们所做出的牺牲。那个时代的人，忽略了对儿女的亲情，让你在一个很少有爱意流露的空间里长大。直到今天，你还在追索这种温暖的家庭氛围。我想，这既有那个时代的必然，也有你父母对你的忽略。这一切，都无法改变。如果你还心存怨怼，你可以到父母的墓前诉说，我相信他们愿意用一切来弥补对你的爱的缺失，只是这已不能用通常的方式让你感知。我建议你把这一切都告知你的未婚妻，让她更深入地了解你。这不是你的失控，而是有很深的心结。当这一切都完成之后，我觉得你还可以把事情的原委，告诉你经常聚餐的朋友们，我相信他们也愿意和你一起分担改变。至于请客的频率，你可以订一个计划，逐步减少费用。你看如何？"

副教授很认真地想了很久，说："我看可行。"

大约半年以后，我接到了副教授的电话，说："我请你吃饭。"

我说："谢谢你。谁付费啊？"

副教授说："当然是我。"

我说："我不去吃。"

副教授说："这一顿饭，你一定要吃。这是我的婚礼。"

我说："恭喜你们。只是心理医生不能和来访者有宴请之类的关系。我只能在远处祝福你们。"

副教授说："我已经提前完成了压缩请客开支的计划，现在已经基本正常了。”

我说："从你结婚这件事，我猜你已皆大欢喜。"

过了几天，我收到了一包速递来的喜糖。没有喜帖，也没有名字，但我知道它们来自哪里。

失眠失恋，究竟你失去了什么

一个身材高大的男青年倚在一个瘦弱的女子身上，踉踉跄跄地走进心理咨询中心。工作人员以为他患了重病，忙说："我们这里主要是解决心理问题的，如果是身体上的病，你还得到专科医院去看。"女子搀扶着男青年坐在沙发上，气喘吁吁地说："他叫瞿杰，是我弟弟。我们刚从专科医院出来，从头发梢到脚后跟，检查了个底儿掉，什么毛病都没查出来。可他就是睡不着觉，连着十天了，每天二十四小时，什么时候看他，他都睁着眼，死盯着天花板，啥话也不说。各种安眠药都试过了，丝毫用处都没有。再这样下去，就算什么病也不沾，人也会活活熬死。专科医院的大夫也没辙了，让我们来看心理咨询。求求你们伸出援手，救救我弟弟吧！"

姐姐涕泗横流，瞿杰仿佛木乃伊，空洞的目光凝视着墙上的一个油墨点，无声无息。

瞿杰进了咨询室，双手拄着头，眉锁一线，表情十分痛苦。

我说："睡不着觉的滋味非常难受，医学家研究过，一个人如果连续一周不睡觉，精神就会崩溃，离死亡就不远了。"

"你以为是我不愿意睡觉吗？你以为一个人想睡就睡得着吗？你以为我失眠是我的责任吗？你以为我不知道人总是睡不着觉就会死的吗？！"瞿杰突然咆哮起来，用拳头使劲击打着墙壁，因为过分用力，他的指节先是变得惨白，继而充血发暗，好像箍着紫铜的指环。

我平静地看着他，并不拦阻。他需要发泄，虽然我暂时还不知道导致他强烈失眠和情绪的原因是什么，但他能够如此激烈表达情绪，较之默默不语就是一个进步。燃烧的怒火比闷在心里的阴霾发酵成邪恶的能量，好过千倍。至于他把怒火转嫁到我身上，我一点也不生气。虽然他的手指指点的是我，唾沫星子几乎溅到我脸上，指名道姓用的是"你"，似乎我就是令他肝胆俱碎的仇家，但我知道，这是情绪的宣泄和转移，并非和咨询师个人不共戴天。

一番歇斯底里的发作之后，瞿杰稍微安静了一点。我说："你如此憎恨失眠，一定希望能早早逃脱失眠的魔爪。"

他翻翻黯淡无光的眼珠子说："这还用你说吗！"

我说："那咱们俩就是一条战壕的战友了，我也不希望失眠害死你。"

瞿杰说："失眠是一个人的事情，你就是愿意帮助我，又有什么用！"

我说："我可以帮你找找原因啊。"

瞿杰抬起头，挑衅地说："好啊，你既然说要帮我，那你就说说我失眠到底是什么原因吧！"

我又好气又好笑，说："你失眠的原因只有你自己知道，你要是不愿意说，谁都束手无策。要知道，失眠的是你而不是我。你若是找不到原因，或是找到了原因也不说，把那个原因像个宝贝似的藏在心里，那它就真的成了一个魔鬼，为非作歹地害你，直到害死你，别人也爱莫能助，无法帮到你。"

瞿杰苦恼万分地说："不是我不说，是我真的不知道为什么失眠。"

我说："你失眠多长时间了？"

瞿杰说："十天。"

我说："在失眠的时候，你想些什么？"

瞿杰说："什么都不想。"

我说："人的脑海是十分活跃的，只要我们不在睡眠当中，我们就会有很多想法。你说你失眠却好像什么都不想，这很可能是因为有一件事让你非常痛苦，你不敢去想。"

瞿杰有片刻挺直了身子，马上又委顿下去，说："你是有两下子，比那些透视的 X 光共振的核磁什么的要高明一点。他们不知道我脑子里想的是什么，你猜到了。我承认你说得对，是有一件事发生过……我不愿意再去想它，我要逃开，我要躲避。我只有命令自己不想，但是，大脑不是一个好的士兵，它不服从命令，你越说不想它越要想，这件事就像河里的死尸，不停地浮现出来。我只有一个笨办法，就是用其他的事来打岔，飞快地从一件事逃到另外一件事，好像疯狂蔓延的水草，这样就能把死尸遮挡住了。这法子刚开始还有用，后来水草泛滥成灾，死尸是看不到了，但脑子无法停顿，各种各样的念头在翻滚缠绕，我没有一时一刻能够得到安宁，好像是什么都在想，又像是什么都不想，一片空白……"说到这里，他开始用力捶击脑袋，发出空面袋子的噗噗声。

我表面上镇静，心里还是有点担心，怕这种针对自我的暴力弄伤了他的身体，做好了随时干预的准备。过了一会儿，他打累了，停下来，呼呼喘着粗气。我说："你对抗失眠的办法就是驱动自己不停地想其他的事情，以逃避那件事情。结果是脑子进入了高速运转的状态，再也停不下来。你现在能告诉我那件让你如此痛苦不堪的事情，究竟是什么吗？"

他迟疑着，说："我不能说。那是一个妖精，我好不容易才用五花八门的事情把它挡在门外，你让我说，岂不是又把它召回来了吗？"

我说："我很能理解你的恐惧，也相信你让自己的大脑，不停地从一个问题跳到另外一个问题，用飞速运转抗拒恐怖。在最初的阶段，这个没有法子的法子，帮助过你，让你暂时与痛苦隔绝。但是，随着时间的延续，这个以折磨取胜的法子渐渐失灵了。你变得疲惫不堪，脑子也没办法进行正常的思维和休息，你就进入了混乱和崩溃，这个法子最终伤害了你……"

瞿杰好像把这番话听了进去，用手撕扯着头发。我不想把气氛搞得太压抑，就开了个玩笑说："依我看啊，你是饮鸩止渴。"

瞿杰好奇地问："鸩是什么？渴是什么？"

我说："渴就是你所遭遇到的那件可怕的事情。鸩就是你的应对方法。如今看来，渴还没能把你搞垮，鸩就要让你崩溃了。渴是要止住的，只是不能靠饮鸩。我们能不能再寻找更有效的法子呢？况且直到现在，你还那么害怕这件事卷土重来，说明渴并没有真正远离你，鸩并没有真正地救了你。如果把这个可怕的事件比作一只野兽，它正潜伏在你的门外，伺机夺门而入，最终吞噬你。"

瞿杰的身体直往后退缩，好像要逃避那只野兽。我握住他的手，给他一点力量。他渐渐把身体挺直，若有所思地说："你的意思是我们只有把野兽杀死，才能脱离苦海，而不是只靠点起火把敲响瓶瓶罐罐把它赶走？"

我说："瞿杰你说得非常对。现在，你能告诉我那只让你非常恐惧的野兽是什么吗？"

瞿杰又开始迟疑，沉默了漫长的时间。我耐心地等待着他。我知道这种看起来的沉默，像表面波澜不惊的深潭，水面下风云变幻，正进行着激烈的思想斗争：说还是不说？

终于，瞿杰张开了嘴巴，舔着干燥的嘴唇说："我……失……恋了。"

原本我以为让一个英俊青年如此痛不欲生的理由，一定惊世骇俗，不想却是十分常见的失恋，一时觉得小题大做。但我很快调整了自己的思绪，认真回应他的痛楚。心理问题就是这样奇妙，事无大小，全在一心感受。任何事件都可能导致当事人极端困惑和苦恼，咨询师不能一厢情愿地把某些事看得重于泰山，而轻视另外一些事情，以为轻若鸿毛。唯有当事人的情绪和感受，才是最重要的风向标。

我点点头，说："谢谢你对我的信任。失恋的确是非常惨痛的事情，有时候足以让我们颠覆、怀疑整个世界。"

瞿杰说："我没有把这件事告诉任何人。"

我说："你不说，一定有你不说的理由。"

瞿杰说："没想到你这样理解我。你知道我为什么不说吗？"

我老老实实地回答："不知道。如果你告诉了我，我就知道了。"

瞿杰说："你看我条件如何？"

我说："你指的条件包括哪些方面的呢？"

瞿杰说："就是谈恋爱的条件啊。"

我说："每一代人都有每一代人的条件，我的眼光可能比较古旧了，说得不对供你参考。依我看来，你的条件不错啊。"

瞿杰第一次露出了笑容说："岂止是不错，简直就是优等啊。你看我，一米八三的高度，校篮球队的中锋，卡拉OK拿过名次，功课也不错，而且家境也很好，连结婚用的房子家里都提前准备了……"

我说："万事俱备只欠东风了。"

瞿杰说："是啊，这个东风就是一位女朋友。"

我说："你的女朋友究竟是一个怎样的人呢？"

瞿杰说："人们都以为我的女朋友一定是倾国倾城貌的淑女，不敢说一定门当户对，起码也是小家碧玉……可我就是让大家大跌眼镜，我的女朋友条件很差，长得丑，皮肤黑，个子矮，家里也很穷，但很有个性……得知我和她交朋友，家里非常反对，我说，我就是喜欢她，如果你们不认这个媳妇，我就不认你们。话说到这个份上，家里也只好默许了。总之，所有的人都不看好我的选择，但我义无反顾地爱她。可是，没想到，她却在十一天前对我说，她不爱我了，她爱上了另外一个人……我以前听说过天塌地陷这个词，觉得太夸张了，就算地震可以让土地裂缝，天是绝对不会塌下来的，但是在那一瞬，我真正明白了什么是乾坤颠倒地动山摇。我被一个这样丑陋的女人抛弃了，她找到的另外一个男人和我相比，简直就是一堆垃圾，不不，说垃圾都是抬举了他，完全是臭狗屎！"

瞿杰义愤填膺，脸上写满了不屑和鄙夷，还有深深的沮丧和绝望。

事情总算搞清楚了，瞿杰其实是被这种比较打垮了。我说："这件事的意义对于你来说，并不仅仅是失恋，还是一种失败和耻辱。"

瞿杰大叫起来："你说得对，就像八国联军入侵，我没放一枪一炮就一败涂地丧权辱国。如果说我被一个绝色美女抛弃了，我不会这么懊丧。如果说我被一个高干的女儿或是富商家的小姐甩了，我也不会这么愤慨。或者说啦，如果她看上的是一个美男帅哥大款爵爷什么的，我也能咽下这口气，再不干脆嫁了个离休军长，我也认了……可你不知道那个男生有多么差，我就想不通我为什么会败在这样一个人渣手里，我冤枉啊……"

看到瞿杰把心里话都一股脑地倾倒出来，我觉得这是很好的进展。我说："我能体会到你深入骨髓的创伤，其实你最想不通的还不是失恋，是在这样的比较中你一败涂地溃不成军！"

瞿杰愣了一下，说："你的意思是说我的痛苦不是失恋引起来的？"

我说："表面上看起来，是失恋让你痛不欲生。但是刚才你说了，如果你的前女友找的是一个条件比你好的男生，你不会这么难过。或者说如果你的前女友自身的条件更好一些，你也不会这样伤心。所以，我要说，你的失败感和失恋有关，但更和其他一些因素有关。"

瞿杰若有所思道："你这样一讲，好像也有一点道理。但是，如果没有失恋，这一切都不会发生啊。"

我说："如果没有失恋，也许不会这样集中地爆发出来，但是恕我直言，你是不是经常在和别人的比较当中过日子？"

瞿杰说："那当然了。如果没有比较，你怎么能知道自己的价值？"

我说："瞿杰，这可能就是问题的关键所在了。其实，一个人的价值并不在和别人的比较之中，而是在自己的掌握之中。就拿你自己来当例子，你和十一天以前的你，有什么大的变化吗？"

瞿杰说："除了睡不好觉，体重减轻头发掉了一些之外，似乎并没有其他的变化。"

我说："对啊，那么，你对自己的评价有什么变化吗？"

瞿杰说："当然有了。比如我觉得自己不出色不优秀不招人喜爱前途黯淡了……"

我说："你的篮球还打得那样好吗？"

瞿杰不解地说："当然啦。只是我这几天没有打篮球，如果打，一定还是那样好。"

我又说："你的歌唱得还好吗？"

瞿杰说："这个没有问题。只是我现在没有心思唱歌。如果唱哀伤的歌，也许比以前唱得还好呢。"

我接着说："你的学习成绩怎样呢？"

瞿杰好像明白了一些，说："还是很好啊。"

我最后说："你的个头怎样呢？"

瞿杰难得地笑出声来，说："你可真逗，就算我几天几夜不吃饭不睡觉，分量上减轻点，骨头也不会抽抽啊。"

我趁热打铁说："对呀，你还是那个你，只是这其中发生了失恋，一个女生做出了她自己的选择……我们还不完全知道她是因为什么做出这样的决定，但你只有接受和尊重这个决定，这是她的自由。两个相爱的人由于种种原因不能走到一起，固然是一个令人伤感的事情，但感情的事情是不能勉强的。世上无数的人经受过失恋，但从此一蹶不振跌倒了就爬不起来的人毕竟有限。瞿杰，我看你面对的并不是担心自己以后找不到女朋友，而是更深层的忧虑。"

瞿杰说："你说得太对了。寝室的男友知道我失恋的事，总是说，你的条件这样好，还怕找不到好姑娘吗？别这么失魂落魄的，看哥们下午就给你介绍一个漂亮妹子。他们不知道我心里的苦，并不是担心自己以后找不到老婆，而是想不通为什么会被人行使了否决权，我觉得自己在人格上输光了血本。"

我说："瞿杰，谢谢你这样勇敢地剖析了自己的内心，失恋只不过是个导火索，它点燃的是你对自己评价的全面失守，你认为女友的离开是地狱之门，从此你人生黑暗。你看到她的新男友，觉得自己连一个这样的人都不如，就灰心丧气全盘否定了自己。"

在长久的静默之后，瞿杰的脸上渐渐现出了光彩，他喃喃地说："其实我并没有失败？"

我说："失恋这件事也许已成定局，但是人生并不仅仅是爱情，还有很多重要的事情在等待着你。再说，就是在爱情方面，你也并不绝望，依然有得到纯美爱情的可能性啊。"

瞿杰深深地点头，说："从此我不会再从别人的瞳孔中寻找对我的评价，我会直面失恋这件事情……"

瞿杰还是被姐姐扶着走出咨询中心的。他的眼睛因为极度的困倦已经睁不开，靠在姐姐肩头险些睡着。大约一个半小时之后，工作人员说瞿杰的姐姐电话找我。我以为瞿杰有了什么新情况，赶紧接过电话。

瞿杰的姐姐说："我带着瞿杰，现在还在出租汽车上。"

我说："你们家这么远啊？"

瞿姐姐说："车已经从我们家门口路过好几次了。"

我说："那你们为什么像大禹治水一样，路过家门而不入？"

瞿姐姐说："瞿杰一坐上出租汽车就进入了深深的睡眠，睡得香极了，还说梦话，说：我不灰心，我不怕……睡得口水都流出来了，好像一个甜甜的婴儿。这些天他睡不着觉非常痛苦，看到他好不容易睡着了，我不敢打扰他，就让出租车一直在街上兜圈子，绕了一圈又一圈，车费都快两百块钱了。我怕一旦把他喊起来，又进入无法成眠的苦海。可他越睡越深沉，没有一点醒来的意思，我也不能一直让车拉着他在街上跑。我想问问你，如果把他喊醒下车回家，他会不会一醒过来就又睡不着觉了？我好害怕呀！"

我说："不必担心，你就喊醒他下车回家吧。如果他还睡不着觉，就请他再来。"

瞿杰再也没有来。

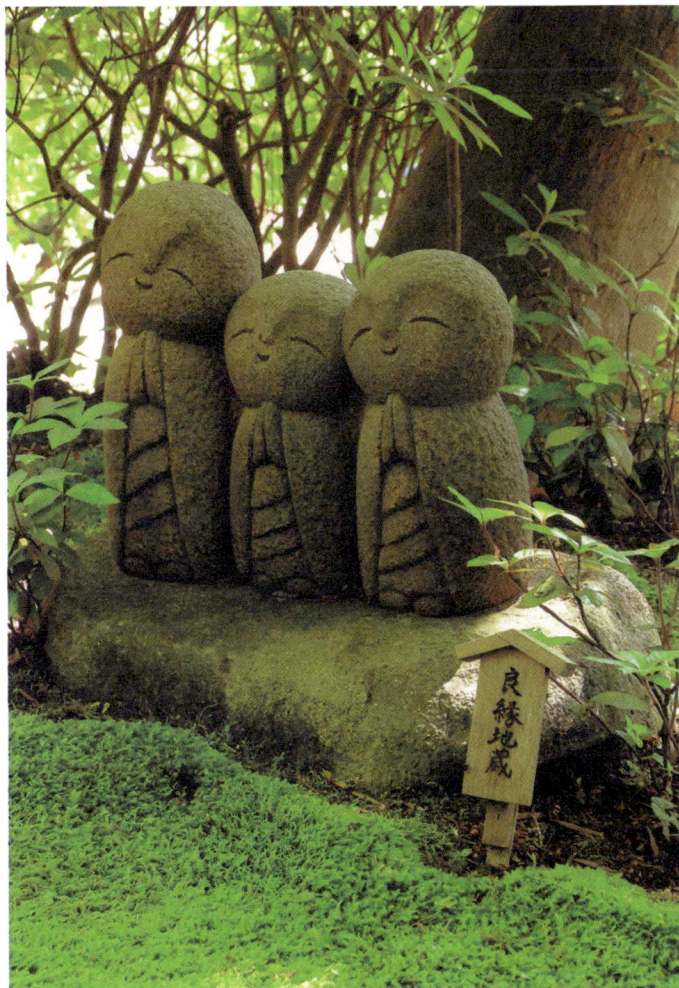

怨恨还是快乐，这是一个问题

那天，一位姑娘走进我的心理诊室，文文静静地坐下了。她的登记表上"咨询缘由"一栏，杳无一字。也就是说，她不想留下任何信息表明自己的困境。我按照登记表上的字迹，轻轻地叫出她的名字："苏蓉，你好。"

苏蓉愣了一下，是聪明人特有的那种极其短暂的愣怔，瞬忽就闪过了，轻轻地点点头。但我还是觉出她对自己名字的生疏，回答的迟疑超过了正常人的反应时间。这只有一个解释，那就是"苏蓉"二字，不是她的真名字。

因为诊所对外接诊，我们不可能核对来者的真实身份，很多人出于种种的考虑，登记表上填的都是假名。

名字可以是假的，但我相信她的痛苦是真的。

我打量着她。衣着黯淡却不失时髦，看得出价格不菲。脸色不好，但在精心粉饰之下，有一种凄清的美丽。眉头紧蹙，口唇边已经出现了常常咬紧牙关的人特有的纵行皱纹。

我说："只要不危及你自身和他人的安全，只要无关违反法律的问题，我们这里对来访者的情况是严格保密的。我希望你能填写出你来心理咨询的缘由，这样，你对自己的问题可以有一个梳理，我作为咨询师，也可以更清晰地了解你的情况，加快工作。"

听了我的话，她沉吟了一下。抓起茶几上的黑色签字笔，在表格"咨询缘由"一栏上，写下了这样一行字：

"怨恨还是快乐？我不知道。这是一个问题。"

这句话套自莎士比亚的名剧《哈姆雷特》中王子的独白——"生存还是死亡，这是一个问题！"看来，这位美丽的姑娘为此已思考了很久。

我点点头，表示明白她的困境。对于一般人来说，在怨恨和快乐之间做出选择，根本就不是一个问题。所有的人都会毫不迟疑地选择快乐，这是唯一的答案，此刻的苏蓉却深受困扰。不管她的真名叫什么，我都按照她为自己选定的名字称她苏蓉。

此时此刻，名字并不重要，重要的是她真实的苦恼和深层的混沌。

我说："苏蓉，究竟发生了什么，让你如此迷茫？"

她微微侧了一下身子，好像要抵挡正面袭来的冷风。

"我得了乳腺癌，你想不到吧？不但你想不到，我也想不到。乳腺癌的发病率越来越高，发病年龄越来越低。我还没有结婚，青春才刚刚开始。直到我躺在手术台上，刀子滑进我胸前皮肤的时候，我还是根本不相信这个诊断。我想，做完了手术，医生们就会宣布这是一个天大的误会。没想到病理检验确认了癌症，我在听到报告的那一刻，觉得脚下的大地裂了一道黑缝，我直挺挺地掉了下去，不停地坠呀坠，总也找不到落脚的支点。那是持续的崩塌之感，我彻底垮了。紧接着是六个疗程的化疗，头发被连根拔起，每天看着护工扫地时满簸箕的头发，我的心比头发还要纷乱。胸前刀疤横劈，胳膊无法抬起，手指一直水肿……好了，关于这些乳腺癌术后的凄惨情况，我知道你写过这方面的书，我也就不多重复。总之，从那一刀开始，我的生活被彻底改变了……"

一番话凄惨悲切，我充满关切地望着这个年轻姑娘，感觉到她所遭遇到的巨大困境。她接着说："我辞了外企的高薪工作，目前在家休养。我想，我的生命很有限了，我要用这有限的生命来做三件事情。"

"哪三件事情呢？"我很感兴趣。

"第一件事，以我余生的所有时间来恨我的母亲……"

无论我怎样克制着自己的情绪，还是不由自主地把震惊之色写满一脸。我听到过很多病人的陈述，在心理咨询室里也接待过若干癌症晚期病人的咨询。深知重病之时，正是期待家人支持的关键时刻，这位姑娘，怎能如此决绝地痛恨母亲呢？

她看出了我的大惑，说："你不要以为我有一个继母。我是我母亲的亲生女儿，我的母亲是一个医生。以前的事情就不去说它了，母亲一直对我很好，但天下所有的母亲都对自己的女儿好，这很正常，没有什么特别的。我要说的是在得知我病了以后，她惊慌失措，甚至比我还要不冷静。她没有给过我任何关于保乳治疗的建议，每天只是重复说着一句话，快做手术快做手术！我一个外行人，主修的专业是对外贸易，简直就是一个医盲。因为我是当事人，肿瘤到底是良性恶性的，医生也没敢说得太明确。但我妈妈知道所有的情况，可她没有做深入的调查研究，也没有请教更多的专家，也不知道还有保存乳房治疗乳腺癌的方法，就让那残忍的一刀切下来了。时至今日，我不恨给我主刀的医生，他只是例行公事，一年经他的手切下的脏器，也许能装满一辆宝马。我咬牙切齿地痛恨我母亲。她身为医生，唯一的女儿得了这样的重病，她为什么不千方百计地想办法，为什么不替还没成家还没有孩子的女儿多考虑一番？！她对我不负责任，所以我刻骨铭心地恨她。"

"我要做的第二件事是死死绑住一个男人。"苏蓉说。

看到我不解的表情，她重复道："是绑住他，用复仇的绳索五花大绑。这个男人是我工作中认识的，很有风度也很英俊。他有家室，以前我们是情人关系，常在一起度周末，彼此愉悦。我知道这不符合毕老师你这一代人的道德标准，但对我来说是无所谓的事情。我从来没有要求他承诺什么，也不想拆散他的家庭，因为那时我还有对人生和幸福的通盘设计，和他交往不过是权宜之计。他喜欢我，我也喜欢他，我不贪图他的钱财，他也不必对这段婚外情负有什么责任。可是，当我手术以后重新看待这段感情的时候，我的想法大不相同了。今非昔比，我已经失去了一只乳房，作为一个女人来说，我已不再完整。这个残缺丑陋的身体，连我自己都无法接受，更不能设想把它展现在另外的男人面前。我的这位高大的情人，是这个世界上见证过我的完整、我的美丽的最后一个男人了。我爱他，珍惜他，我期待他回报我以同样的爱恋。我对他说，你得离婚娶我。他说，苏蓉，我们不是说好了各自保留空间，就像两条铁轨，上面行驶着风驰电掣的火车，但铁轨本身是永不交叉的。我说，那是以前，现在情况不同了。打个比方吧，我原本是辆红色的小火车，有名利有地位有钱有高学历，拉着汽笛风驰电掣隆隆向前，人们都羡慕地看着我。现在，火车脱轨了，零件瘫落一地，残骸中还藏着几颗定时炸弹，随时都可能引爆。车颠覆了，铁轨就扭缠到一起了，你中有我，我中有你。要么永不分开，要么玉石俱焚。听了我的决绝表态，他吓坏了，说要好好考虑一下。这一考虑就是一个月杳无音信。以前他的手机短信长得几乎像小作文，充满了柔情蜜意，现在消失得无影无踪。我不知道他考虑的结果如何，如果他同意离婚后和我结婚，那这第二颗定时炸弹的雷管，我就暂时拔下来。如果他不同意，我就把他和我的关系公布于众。他是有身份好脸面的人，不敢惹翻我，我会继续不择手段地逼他，直到他答应或是我们同归于尽……

"我要做的第三件事，是拼命买昂贵的首饰。

"只有这些金光闪闪晶莹剔透的小物件，才能挽留住我的脚步。我常常沉浸在死亡的想象之中，找不到生存的意义。我平均每两周就有一次自杀的冲动，唯有想到这些精美的首饰，在我死后，不知要流落到什么样的人手里，才会生出一缕对生的眷恋。是黄金的项圈套住了我的性命，是钻石的耳环锁起我对人间最后的温情，是水晶摆件映出我的脸庞，让我感知到生命是如此年轻，还存在于我的皮肤之下……"

她的目光没有焦点，嘴唇不停地翕动着，声音很小，有一种看淡生死之后的漠然和坦率，但也具有猛烈的杀伤力。我的心随之颤抖，看出了这佯装镇定之下的苦苦挣扎。

她又向我摊开了所有的医疗文件，她的乳腺癌并非晚期，目前所有的检查结果也都还在正常范围之内。

我确信她的生命受到了严重的威胁，但这不是来自那个被病理切片证实了的生理的癌症，而是她在癌症击打之下被粉碎了的自信和尊严。癌症本身并非不治之症，癌症之后的忧郁和愤怒、无奈和恐惧、孤独和放弃、锁闭和沉沦……才是最危险的杀手。

我问她："你为什么得了癌症呢？"

苏蓉干燥的嘴唇张了几下，说："毕老师你这不是难为我吗？不单我不知道自己是怎样得了癌症的，就连全世界的医学专家都还没有研究出癌症的确切原因。我当然想知道，可是我不知道。"

我说："苏蓉你说得很对。每一个得了癌症的人都要探寻原因，他们百思不得其解。而人是追求因果的动物，越是找不到原因的事，就越要归纳出一个症结。在你罹患癌症之后，你的愤怒、你的恐惧、你的绝望，包括你的惊骇和无助，你都要为它们找到一个出口。这个出口，你就选定在……"

苏蓉真是个绝顶聪明的女孩，我的话刚说到这里，她就抢先道："哦，我明白了，你的意思是我把得了癌症之后所有的痛苦伤感，都归因到了我母亲身上？"

我说："具体怎样评价你和母亲的关系，这是一个很复杂的课题，我们也许还要进行漫长的讨论。但我想澄清的一点是——你母亲是你得癌症的首要原因吗？"

苏蓉难得地苦笑了一下，说："那当然不是了。"

我说："你母亲是一个治疗乳腺病方面的专家吗？"

苏蓉说："我母亲是一个基层保健院的大夫，她最擅长的是给小打小闹的伤口抹碘酒和用埋线疗法治痔疮。"

我又说："给你开刀的主治医生，是个专家吧？"

苏蓉很肯定地说："是专家。我在看病的问题上是个完美主义者，每次到了医院，都是找最贵的专家看病。"

我接着说："你觉得主刀大夫和你妈妈的医术比起来，谁更高明一些呢？"

苏蓉有点不高兴了，说："这难道还用比吗？当然是我的主刀医生更高明了，人家是在英国皇家医学院进修过的大牌。"

我一点都不生气，因为这正是我所期待的回答。我说："苏蓉，既然主刀医生都没有为你制定出保乳治疗的方案，你为什么不恨他？"

苏蓉张口结舌,嗫嚅了好半天才回答道:"我恨人家干什么?人家又不是我家的人。"

　　我说:"关键就在这里了。关于你母亲在你生病之后的反应,我相信肯定不是十全十美的,如果给她足够的时间,也许她会为你做得更充分一些。没有为你进行保乳治疗的责任,主要不是在你母亲身上。这一点,不知道你是否同意?"

　　苏蓉沉默了一会儿,说:"我同意。"

　　我说:"一个人成人之后,得病就是自己的事情了。你可以生气,却不可以长久地沉浸其中,无法自拔。你可以愤怒,却不可以将这愤怒转嫁他人。你可以研究自己的疾病,但却不要希望有太理想太完美的方案。你可以选择和疾病抗争到底,也可以一蹶不振以泪洗面,这都是自己的事情。只有心理上长不大的人,才会在得病的时候,又恢复成一个小女孩的幼稚心理。在我们的文化中,有一种值得商榷的现象。比如小孩子学走路的时候,如果他不小心摔了一跤,当妈妈的会赶快跑过去,搀扶起自己的孩子,心疼地说,哎呀,是什么把我们宝宝碰疼了啊?原来是这个桌子腿啊!原来是这个破砖头啊!好了好了,看妈妈打这个桌子腿，看妈妈砸这个破砖头！如果身旁连桌子腿破砖头这样的原因都找不到，看着大哭不止的宝宝，妈妈会说，宝宝不哭了，都是妈妈不好，没有照顾好你。有的妈妈还会特地买来一些好吃的好玩的东西哄宝宝……久而久之，宝宝会觉得如果受到了伤害，必定是身边的人的责任……"

我的话还没有说完，苏蓉就忍不住微笑起来，说："你好像认识我妈妈一样，她就是这样宠着我的。现在我意识到了，身患病痛是自己的事情，不必怨天尤人。我已长大，只能独立面对命运的残酷挑战并负起英勇还击的责任。"

苏蓉其后接受了多次的心理咨询，并且到医院就诊口服了抗抑郁的药物。在双重治疗之下，她一天天坚强起来。在第一颗定时炸弹摘下雷管之后，我们开始讨论那个高大的男人。

我说："你认为他爱你吗？"

苏蓉充满困惑地说："不知道。有时候好像觉得是爱的，有时又觉得不爱。比如自从我对他下过最后通牒之后，他就一个劲地躲着我。其实，在今天的通信手段之下，没有什么人是能够彻底躲得掉另外一个人的。我只要想找到他，天涯海角都难不住我。我只是还没有最后决定。"

我说："苏蓉，以我的判断，你在现在的时刻，是格外需要真挚的爱情的。"

苏蓉的眼睛里立刻蓄满了泪水，她说："是啊，我特别需要有一个人能和我共同走过人生。"

我说："你觉得这个人可靠吗？"

这一次，苏蓉很快回答道："不可靠。"

我说："把自己的生命和一个不可靠的人联系在一起，我只能想象成一出浩大悲剧的幕布。"

苏蓉幽幽地吐出一口长气，说："如果我是一个完整的女人，我会很清楚自己该怎么办。但是，我已残缺。"

我说："谁认为一个动过手术的女人就不配争取幸福，谁认为身体的残缺就等同于人生的不幸，这才是最大的荒谬呢！"

苏蓉那一天久久地没有说话。我等待着她。沉默有的时候是哺育力量的襁褓。毕竟，这是一个严峻到残酷的问题，谁都无法代替她的思考和决定。

后来她对我说，她回家后流了很多的泪，纸巾用光了好几盒。她终于有能力对自己说，我虽然切除了一侧乳房，但依然是完整的女人，依然有权利昂然追求自己的幸福。哪个男人能坦然地接受我、珍惜我，看到我的心灵，这才是爱情的坚实基础。建立在要挟和控制之上的情人关系，我不再保留。

我们最后谈到的问题，是那些美丽的首饰。

我说："我也喜欢首饰呢，但是仅仅限于在首饰店中隔着厚厚的玻璃欣赏。我记得一位名人说过，全世界的女人都喜欢首饰和丝绸，喜欢它们闪闪发亮的光泽和透明润滑的质感。面对钻石的时候，会感觉到几千万年的压力和锤炼，才能成就的那种非凡光辉。"

苏蓉一副遇到知己的快乐样子，说："你也喜欢首饰，这太好了。"

我说："首饰虽好，但生活本身更美好。让我留在这个世界上的动力，是我要做的事情和我身边的友情，当然，还有快乐。"

苏蓉轻轻笑道："我的看法和你是一致的。从此以后，我会节制自己买首饰的欲望。可能常去看看，但不会疯狂地购买了。至于以前买下的首饰嘛，我想自己留下一部分，然后把一些送给朋友们。我还是很喜爱金光闪闪和玲珑剔透的小物件，但我不必把它们像铁锚一样紧紧地抓在手里，生怕一松手遗失了它们，就等于丢掉了自己的性命……我不必用没有温度的首饰来锁住自己，相反，我将用它们把我的生活打扮得更光彩夺目。"

终于，分离的日子到了。当最后一个疗程结束，苏蓉走出诊室的时候，我目送着她。我已经无数次经历过这样的时刻，伤感又令人振奋。一个心理咨询师所有的努力，都是为着这一天的早日到来。苏蓉握着我的手说："毕老师，我就不和你说再见了，咱们就此别过，因为我不想再见到你了。这不等于说我不感谢你，不怀念你。也许正是因为知道难得再见，我的思念会更加持久和惆怅。今后的某一天，也许是黎明日出时分，也许是皓月当空的时候，也许是正中午也说不定，你的耳朵根子会突然发热，那就是我在远方深情地呼唤着你。我不见你，是相信我自己有能力对付癌症，不论是身体的癌症还是心理上的癌症，只要精神不屈，它们就会败退。怨恨和快乐，这不再是一个问题，今后的关键是我如何建立自己的心情乐园。顺便说一句，即使是我的癌症复发，即使我的生命走到尽头，我相信，只要我有意识地选择快乐，谁又能阻挡我呢？"

她的美丽和从容，让我充满了感动。我微笑着和她道别，遵循她的意愿，也希望自己永远不再见到她。有的时候，也许是半夜时分，也许是风中雨中，耳朵并无发热，会想起她来。我不知道她是否已经和母亲建立起了新型的关系，不知道她是否找到了心仪的男友，也不知道她的首饰盒里可曾增添了新的成员。但我很快地对自己说，相信苏蓉吧，她已经成功地把三颗炸弹摘除了，开始了自己新的生活。

穿宝蓝绸衣的女子

在咨询室米黄色的沙发上，安坐着一位美丽的女性。她上身穿着宝蓝色的真丝绣花V领上衣，衣襟上一枚鹅黄水晶的水仙花状胸针熠熠发亮。下着一条乳白色的宽松长裤，有一种古典的恬静花香一般弥散出来。服饰反射着心灵的波光，常常从来访者的衣着中就窥到他内心的律动。但对这位女性，我着实有些摸不着头脑。她似乎是很能控制自己的情绪，安宁而胸有成竹，但眼神中有些很激烈的精神碎屑在闪烁。她为何而来？

"你一定想不出我有什么问题。"她轻轻地开了口。

我点点头。是的，我猜不出。心理医生是人不是神。我耐心地等待着她。我相信她来到我这儿，不是为了给我出个谜语来玩。她看我不搭话，就接着说下去："我心理挺正常的，说真的，我周围的人有了思想问题都找我呢！大伙都说我是半个心理医生。我看过很多心理学的书，对自己也有了解。"

她说到这儿，很注意地看着我。我点点头，表示相信她所说的一切。是的，我知道有很多这样的年轻人，他们渴望了解自己也愿意帮助别人。但心理医生要经过严格的系统的训练，并非只是看书就可以达到水准的。

"我知道我基本上算是一个正常人，在某些人的眼中，我简直就是成功者。有一份薪水很高的工作，有一个爱我、我也爱他的老公，还有房子和车。基本上也算是快活，可是，我不满足。我有一个问题，就是怎样才能做到外柔内刚？"

我说："我看出你很苦恼，期望着改变。能把你的情况说得更详尽一些吗？有时，具体就是深入，细节就是症结。"

宝蓝绸衣的女子说："我读过很多时尚杂志，知道怎样颔首微笑怎样举手投足。你看我这举止打扮，是不是很淑女？"

我说："是啊。"

宝蓝绸衣女子说："可是这只是假象。在我的内心，涌动着激烈的怒火。我看到办公室内的尔虞我诈，先是极力地隐忍。我想，我要用自己的善良和大度感染大家，用自己的微笑消弭裂痕。刚开始我收到了一定的成效，大家都说我是办公室的一缕春风。可惜时间长了，春风先是变成了秋风，后来干脆成了西北风。我再也保持不了淑女的风范，开业务会，我会因为不同意见而勃然大怒，对我看不惯的人和事猛烈攻击，有的时候还会把矛头直接指向我的顶头上司，甚至直接顶撞老板。出外办事也是一样，人家都以为我是一个弱女子，但没想到我一出口，就像上了膛的机关枪，横扫一气。如果我始终是这样也就罢了，干脆永远的金刚怒目也不失为一种风格。但是，每次发过脾气之后，我都会飞快地进入后悔的阶段，我仿佛被鬼魂附体，在那个特定的时辰就不是我了，而是另一个披着我的淑女之皮的人。我不喜欢她，可她又确确实实是我的一部分。"

看得出这番叙述让她堕入了苦恼的渊薮，眼圈都红了。我递给她一张面巾纸，她把柔柔的纸平铺在脸上，并不像常人那般上下一通揩擦，而是很细致地在眼圈和面颊上按了按，怕毁了自己精致的妆容。待她恢复平静后，我说："那么你理想中的外柔内刚是怎样的呢？"

宝蓝绸衣女子一下子活泼起来，说："我给你讲个故事吧。

那时我在国外，看到一家饭店冤枉了一位印度女子，明明道理在她这边，可饭店就是诬她偷拿了某个贵重的台灯，要罚她的款。大庭广众之下，众目睽睽的，非常尴尬。要是我，哼，必得据理力争，大吵大闹，逼他们拿出证据，否则绝不甘休。那位女子身着艳丽的纱丽，长发披肩，不愠不火，在整整两个小时的征伐中，脸上始终挂着温婉的笑容，但是在原则问题上却是丝毫不让。面对咄咄逼人的饭店员工的围攻，她不急不恼，连语音的分贝都没有丝毫的提高，她不曾从自己的立场上退让一分，也没有一个小动作丧失了风范，头发丝的每一次拂动都合乎礼仪。

"那种表面上水波不兴骨子里铮铮作响的风度，真是太有魅力啦！"宝蓝绸衣的女子的眼神充满了神往。

我说："我明白你的意思了，你很想具备这种收放自如的本领。该硬的时候坚如磐石，该软的时候绵若无骨。"

她说："正是。我想了很多办法，真可谓机关算尽，可我还是做不到。最多只能做到外表看起来好像很镇静，其实内心躁动不安。"

我说："当你有了什么不满意的时候，是不是很爱压抑着自己？"宝蓝绸衣女子说："那当然了。什么叫老练，什么叫城府，指的就是这些啊。人小的时候天天盼着长大，长大的标准是什么？这不就是长大嘛！人小的时候，高兴啊懊恼啊，都写在脸上，这就是幼稚，是缺乏社会经验。当我们一天天成长起来，就学了察言观色，学会了人前只说三分话，不可全抛一片心。风行社会的礼仪礼貌，更是把人包裹起来。我就是按着这个框子修炼的，可到了后来，我天天压抑着自己的真实情感，变成了一个面具。"

我说："你说的这种苦恼我也深深地体验过。在阐述自己观点的时候，在和别人争辩的时候，当被领导误解的时候，当自己一番好意却被当成驴肝肺的时候，往往就火冒三丈，顾不得平日的克制和彬彬有礼了，也记不得保持风范了，一下子义愤填膺，嗓门也大了，脸也红了。"

听我这么一说，宝蓝绸衣的女子笑起来说："原来世上也有同病相怜的人，我一下子心里好过了许多。只是后来你改变了吗？"

我说："我尝试着改变。情绪是一点一滴积累起来的，我不再认为隐藏自己真实的感受，是一项值得夸赞的本领。当然了，成人不能像小孩子那样，把所有的喜怒哀乐都写在脸上，但我们的真实感受是我们到底是一个怎样的人的组成部分。如果我们爱自己，承认自己是有价值的，我们就有勇气接纳自己的真实情感，而不是笼统地把它们隐藏起来。一个小孩子是不懂得掩饰自己的内心的，所以有个褒义词叫作'赤子之心'。当人渐渐长大，在社会化的过程中，学会了把一部分情感埋在心中。在成长的同时，也不幸失去了和内心的接触。时间长了，有的人以为凡是表达情感就是软弱，要把情感隐蔽起来，这实在是人的一个悲剧。

"我们的情感，很多时候是由我们的价值观和本能综合形成的。压抑情感就是压抑了我们心底的呼声。中国古代就知道，治水不能'堵'，只能疏导。对情绪也是一样，单纯的遮蔽只能让情绪在暗处像野火的灰烬一样，无声地蔓延，在一个意想不到的地方猛地蹿出凶猛的火苗。这个道理想通之后，我开始尊重自己的情绪，如果我发觉自己生气了，我不再单纯地否认自己的怒气，不再认为发怒是一件不体面的事情，也不再竭力用其他的事件分散自己的注意力。因为发自内心的愤怒在未被释放的情况下，是不会像露水一样无声无息地渗透到地下销声匿迹的，它们潜伏在我们心灵的一角，悄悄地发酵，膨胀着自己的体积，积攒着自己的压力，在某一个瞬间，就毫不留情地爆发出来。

　　"如果我发觉自己生气了，就会很重视内心的感受，我会问自己，我为什么而生气？找到原因之后，我会认真地对待自己的情绪，找到疏导和释放的最好方法，再不让它们有长大的机会。举个小例子，有一段时间我一听到东北人说话的声音心中就烦，经常和东北人发生摩擦，不单在单位里，就是在公共汽车上或是商场里，也会和东北籍的乘客或是售货员争吵。终于有一天，我决定清扫自己这种恶劣的情绪。我挖开自己记忆的坟墓，抖出往事的尸骸。那还是我在西藏当兵的时候，一个东北人莫名其妙地把我骂了一顿，反驳的话就堵在我的喉咙口，但一想到自己是个小女兵，他是老兵，我该尊重和服从，吵架是很幼稚而不体面的表现，就硬憋着一言不发。那愤怒累积着，在几十年中变成了不可理喻的仇恨，后来竟到了只要听到东北口音就过敏反应，非要吵闹才可平息心中的阻塞，造成了很多不必要的误会。"

我把我的故事对宝蓝绸衣的女子讲完了，她说："哦，我有了一些启发。外柔内刚的柔只是表象，只是技术，单纯地学习淑女风范，可以解决一时，却不能保证永远。这种皮毛的技巧，也许会弄巧成拙使积聚的情绪无法宣泄，引起某种场合的失控。外柔需要内刚做基础，而内刚不是从天上掉下来的，是靠自我的不断探索。"

我说："你讲得真好，咱们都要继续修炼，当我们内心平和而坚定的时候，再有了一定的表达技巧，就可以外柔内刚了。"

喜欢长发和一见钟情的男生

接到一封读者来信，是一个名牌大学的男生写来的。他说恋爱过程连战累挫，女友抛弃了他，他很痛苦，简直丧失了活下去的勇气。他问我拯救自己的方式是不是马上进入下一场恋爱？以前的每一位女友都有飘逸的长发，都是一见钟情。他说，他还要找一头长发的女孩，还要一见钟情。

通常的读者来信，我是不回的。但这一封，让我沉吟。他谈到了一个我不能同意的救赎自我的方法，我想对长发谈点看法，因为长发对他成了一种绝望与新生的象征。

早年间，看到很多女孩留长发，司空见惯了，也不去寻找这后面所包含的信息。后来，我偶然发现一位已婚女友的发式常变化，有时是长发，有时是短发。刚开始我以为这是她出于美观或是时尚的考虑，后来她告诉我这和她的婚姻状况有关。

如果这一阶段与她的丈夫关系不错，她就梳短发；如果关系很僵，她就留长发。我说："哦，我明白了，头发和爱情密切相关。"她笑话我说："亏你还是个作家呢，难道不知头发是人的第三性征？"

后来，我见到她稳定地梳起了马尾。说实话，那一头飘扬的长发（她的头发不错），和她满脸的皱纹实在是有些不宜。好在我明白了头发的意义，对她说："你是下定了离婚的决心，要寻找新的伴侣了。"

她有些惊奇："我还没来得及告诉你，你怎么就知道了？"

我说："是你的头发出卖了你。"她抚摩着头发说："这是爱情的护照。"

从那以后，我就对长发渐渐地留意起来。

女性的头发的样式表示她的婚姻状况，这是一种集体无意识，已经深深地刻在我们的骨骼上了。女孩子为什么要留长发？首先因为一个人的头发是一个很好的晴雨表，可以反映这个人的健康状况。在中医学里，称"发为血之余"。一个人的头发是否健康，表示着他的血脉是否丰沛充盈，生命力是否蓬勃旺盛。服饰可以调换，颜面可以化妆，但一个人的头发，是不能全面颠覆的。血自骨髓来，骨髓是一个人先天后天的精华之府。在骨髓的后面站着肾。"肾主骨生髓"，这才是关键所在。众所周知，在东方人的文化中，"肾"并不仅仅是一个泌尿器官，而是和人的生殖系统有着极为密切的关系。

好了，现在我们已经逐渐捅到了问题的核心。长发在某种意义上，表达的是这个人"肾"的健康状况，也就是间接地反映着他的生殖潜能。当你以为只是展示你飘扬的长发的时候，你其实是在暴露你的健康史。

所以，一般说来，未婚的和期望求偶的女子，爱留长发。如果一个未婚女孩梳个短发，大家就会说她是个"假小子"。女子在结婚的时候，会把头发来一个改变，正如那首著名的歌曲中唱到的："谁把你的长发盘起，谁给你做的嫁衣？"

如今，对女子头发的要求，是越来越苛刻了。君不见某些品牌的洗发水广告，拍出的长发美女，那头发的长度已经到了一挂黑瀑的险恶境地。画面曲折表达的意思是你想赢得性感高分吗？请向我看齐。潇洒到形销骨立的刘德华干脆说：我的梦中情人，有一头长发。潜台词即是，你想成为著名歌星的梦中情人吗？此处有一个绝好的机会——请用我们这个牌子的洗发水吧！

这种要求渐渐全方位起来。比如前几年的男性歌手组合"F4"的走红，除了种种因素之外，我觉得和他们形象中的一水长发有相当的关联。不单男性需要知道女性的健康和性征资料，女性也有同样的要求。女性的潜在的平等诉求被察觉和被满足，于是"F4"的蓬松长发油然而生并一炮而红。

不厌其烦地就头发讨论了半天，是想说明"性"这个因素是仅次于"食"的人类基本本能之一，它的影响力不可低估。它在很多时候，涌入到我们生活的种种缝隙中，以"缘分"甚至是"思想"这类面孔闪亮登场。

再来说说一见钟情。我是医生出身，见过若干关于"一见钟情"的生物学分析。在那些神话般的境遇之中，很可能是男女双方的体味在相互吸引，要么就是基因的配型有着某种契合，还有免疫互补……甚至，童年经验也在润物细无声地影响着我们。不要把"一见钟情"说得那么神秘、那么不可思议。我们不是生活在真空，很多以为虚无缥缈的事件背后，有着我们今天还不能彻底通晓的物质基础。

在我们以为是天作之合的帷幕下，有时埋伏着的不过是人的本能这个老狐狸。我在这里绝没有鄙薄本能的意思，但作为主人，知道有乔装打扮的本能先生混在客人堆里一个劲地劝酒，觥筹交错时就要提防酩酊大醉，以防完全丧失了理智，被本能夺了嫡。

本能这个东西，很有意思，魔力就在于我们能否察觉它。它习惯在暗中出没，魔法无边。我们被它辖制而不自知，它就是君临天下的主宰。但是，如果把它揪到光天化日之下，它就像雪人一样瘫软乏力。假设那位来信的男生，知道了他期望找到一位长发女友这一先入的标准不过是要查询和检验一个女子的生殖系统潜能和最近若干时间以来的健康状况，那么，他在考虑长发因素的时候，可能就有了更多的角度和更宽容的把握。

本能是很会乔装打扮的，它不狡猾，但它善变。能够识出它的种种变相，不仅要凭一己的经验，也要借助他人的心得和科学的研究。

如果有人现在对那个男孩子讲，你选择女友的标准只是看她如何性感，我猜他一定要反驳，说根本就不是那样浅薄，我们情投意合，我们非常默契，我要找到的就是和她在一起的这一份独特的感觉……

其实在婚姻这件事上，绝对的好或是绝对的坏，大约是没有或是极少的，有的只是常态，只是平衡，只是相宜。单凭某个孤立的条件来寻找爱人，只怕是不够成熟的表现。你是一个什么人，你可要先认清，才好去寻找一个和你相宜的人。我很喜欢一个词，叫作"志同道合"，人们常常以为这句话是指事业，我觉得用于婚姻更妙。

有的年轻朋友会说，我找的是伴侣，火眼金睛地把对方认清了不就得了，干吗先要从自己开刀？

理由很简单。忠诚的人只能欣赏忠诚，而不能欣赏背叛；诚恳的人只能接纳诚恳，而不能接纳谎言；慷慨的人可以忍受一时的小气，却不会喜欢长久的吝啬；怯懦的人可以伪装暂时的勇气，却无法在无尽的折磨中从容。想用婚姻改造人，只是一个幻彩的泡沫，真实只能是——人必然改造婚姻。

恋爱、婚姻是一个寻找对方更是寻找自己的过程。你整个的价值观和思想体系，都在这种亲密无间的关系中得以延伸和凸显。

如果你把金钱当作人生的要素，你就不要寻找一个侠肝义胆的爱人。因为即你使在危难中曾受惠于他，那也是他的禀性，而非对你的赞同。当有一天你祭起"金钱至上"的大旗，无论你怎样娇姿百媚，还是挽不回壮士出走的决心。

如果你荆钗布裙安于寡淡，就不要寻找一个鸿鹄千里的爱人。即使你以非凡的预见知道他会直抵云天，也不要向这预见屈服，把自己的一生押了出去。否则他的翅膀上坠着你，他无法自在遨游，你也被稀薄的空气掠得胆战心惊。

如果你单纯以色相事人，就要准备在人老色衰的时候被厌恶和抛弃。如果你喜欢夸夸其谈，你就等着被欺骗的结局。

物以类聚，人以群分。失恋男生喜欢长发和一见钟情，他就不断地被这些吸引。他把恋爱当成了一道算术题，当一个答案打上红叉的时候，他赶忙用橡皮擦掉笔迹，在毛糙的纸上写下另一个答案，殊不知他早已将题目抄错。

不要把长发当成唯一，一见钟情也没有什么神秘。我手头就有若干个例子，某些离散的婚姻，往往始于绚烂无缺的开端。比起开头来，人们更重视过程和结尾，这就是"创业难守业更难"，这就是"成百里半九十"的含义。

　　我在一个有鸟鸣的清晨给这位男生回信。因为我已心境沧桑，而对方是一位青年，人在清晨的时候心境比较年轻。我说，不要把人生匆匆结束，不要把恋爱匆匆开始，你把一件事做完再做另一件事好吗？

　　他很快给我回了信。他说，不是我没有做完，而是事情已经被女友提前结束。我复信说，为了你一生的幸福，你要把爱的前提好好掂量，为此花费一点时间是值得的。想清楚之前，就不算真正结束。我明白你想用新鲜替代腐烂，想把新发丝黏结在旧发丝上让它随风飘扬……可你见过馊了的牛奶吗？如果你不把它倒掉，不把罐子刷洗干净，便把新鲜牛奶倒进去，那么，只怕很快我们就又要捂起鼻子了……

　　他已经久未来信了。我不知他是生我的气了，还是已酝酿了清新的爱情。

剩女出嫁

现如今的剩女，多是时代列车的特殊乘客。容我大胆地预测一下，以后的年代，难得有这样大规模的剩女集团军了。因为这一代剩女，已经用自己的蹉跎经历，提示了未来整整一百年内的中国女子，等待就是放弃，不能坐失良机。不信，你看看如今的征婚启事，刚刚二十岁出头的小闺女，就在那里张罗着虚空的缘分和脚踏实地的有房有车了。

如果是一筐苹果，任人挑选，那么剩下的一定是皱烂有虫的酸果。如果是一座楼宇，尾房多半是朝向和风水上有着这样那样的纰漏。

如果真是一点褶子都没有"尾"在那里，买家几乎要怀疑那是否凶宅，反倒越发地不放心。总之，剩的就是坏的，几乎是铁律。

但是，剩女可不是这样，令人扼腕。她们往往是优秀而雅致的女子，学识高，钱多，容颜身材也多居上乘。

这就令人不解。众人不解，剩女们也不解。我们这样出类拔萃，为什么反倒嫁不出去？男人啊，你们真是集体雀盲了吗？

有人说，剩女不是时代或他人造成的，剩女是她们自己造出来的。

剩女这传统，古而有之。

那些最美丽的女子，有些原本是悄然等着进宫的。她们怀揣着幽深梦想，期待有一天会守候在君王之侧，倘生下龙子，就有可能贵为国母。那些稍逊一等的女子，等着被达官贵人或是公子王爷看中，步入深宅大院，或是红袖添香，或是作威作福。特别爱洁净清心寡欲的女子，因了种种的未如意，多半入了尼姑庵，后来又有了当修女这扇小门，进入后从此离人间远离天堂近了。靠出卖体力帮工过活的女子，就死心塌地当一辈子的管家或是女佣，也马马虎虎落得个轻手利脚温饱尚可。

现如今，这些个秀美女子的太平门，几乎都被堵死了。过去上等的姑娘是可以等的，好容貌好学识好脾气，如同香花一样在十里八乡传布，于是就有闻讯而来的媒人，首先为乡绅或是官吏等衣食丰饶之家来说亲。那时是可以三妻四妾的，那时的女人都活得短暂，因了生育或是疾病，往往早早就谢世了，于是候补上来的夫人，也有可能铺排出山花烂漫的日子。纵是自己有几腔苦水想倾倒，深宅大院的，也流淌不出来，无人知晓，传播出去的还是好福气的名声。

如今的剩女们，还在苦心经营地等，健身啊，练瑜伽啊，学插花啊，兼修肚皮舞啊……却忘了一个冷酷现实——当你把自身修炼得珠圆玉润时，那些最优等的男子，已被人捷足先登追求走了。记得哪位伟人说过，男子长期保持未婚状态，其实是有不忠和通奸的嫌疑。真正的好男子，极少长久孤身。不仅事业上打拼超越，他们也是有道德和良知的。他们有好的体力，自然也有好的情欲，为什么不顺应天时呢？结了婚，过得自在，也不会轻易抛弃结发的妻，娶回一个踌躇意满的剩女为孩儿的后娘。

偏偏现代的医学技术又突飞猛进地发展，人的平均寿命已经超过了七十岁，特别是城市的女子，干脆瞠目结舌地过了八十这道大坎，这就让剩女走续弦预备队的可能性大大地渺茫了。

剩女们初长成的时光，正是中国开放和发展风起云涌的时代。剩女们那一刻风华正茂，青翠欲滴。她们笃信时代不同了，男女都一样。她们认为只要自己有学识有力量，就可以逢山修路遇水架桥，有本领就有了一切。却不想，古老的法则在择偶问题上那样僵化，朴朴素素仅一条——先下手为强，后下手遭殃。除了捷足先登，再无良方。潜伏很深的总裁和博士，那时还是青涩小伙，峥嵘之角只是额头柔软的小凸起，一碰就破。

我的一位老朋友之女，说想向我咨询一下自己缘何成了剩女。我说："在咨询室之外，我不接受咨询的任务，尤其不接收熟人的咨询。那样，对我不好，对你更不好。"

她叫青桦，说："对你不好，我可以明白。比如打扰你的休息啊，你说深说浅都不是啊，还有，你不好意思拿咨询费了。"

我说："青桦你说的都不错，但最主要的是这违背了咨询的法则。咨询师和来访者，不能有双重关系。你到底是我的咨客呢，还是我的熟人？这个问题会困扰咨询师。"

青桦说："那你不能克服一下吗？"

我说："不能啊，青桦。心理咨询师是人不是神，凡人所具有的弱点他都可能具有。咨询师必须遵守的所有规章守则，都是付出了沉重的代价甚至包括鲜血才换来的，这就像电工在维修电器之前，必须要保证电源是关闭状态。虽然简单，但违背可能致命。"

青桦说："好吧，我知道了不给熟人做咨询是咨询师的守则。这对咨询师不好，但你刚才说这对来访者也不好，我却有点想不通。比如我找你咨询，我跟你熟，信任你，心里一点也不害怕不畏缩，这对于建立信任关系不是非常好的开端吗？"

我说："青桦，你还挺懂行的。咨询是一个整体的过程，并不仅仅限于开头。照你说的，因为熟，所以你不怕我。这诚然不错，但进行下去，我说的话你也可以因为熟悉，就置若罔闻。我没有法子维持咨询中应有的张力，也不能确保自己中立的态度。无法全心全意地来帮助你成长，这不就是对来访者最大的不利吗？"

青桦说："嘻！想不到因为我妈妈和你是朋友，我就没有机会找你咨询了。"

我说："天下的好咨询师很多。我这就给你介绍几位。"说着，我就开始书写给她咨询师的地址和电话。

青桦说："那如果我不是咨询，只是想从你是我妈妈好朋友的角度，听听你的意见，你可以说吗？"

我说："那当然可以。你不要把这当成一次咨询，我也不把你当成来访者，好咱们聊聊天。青桦啊，那你可就要听好了。"

青桦说："哎呀，看你这样子，可比咨询时厉害多了吧？"

我说："今天我的身份，就是你一阿姨，是从小看着你长大的长辈。我说的话，有可能不客气。你如果不乐意了，可以起身就走。"

青桦说："洗耳恭听。"

我说："如果你不打算成家了，这是一个重大的决定。因为你不但要对抗世俗的眼光，你还要对抗自己的激素。走一条和别人不同的路，和大多数人不同的路，这是一个峻厉的挑战。我希望这是一个人清醒成熟的主动选择，而不是一拖再拖，成为被动局面的一个遁口。两者的结果看起来似乎是一样的，都是一个女子孤身走过一生，但实际上的感受会大不相同。"

青桦说："我只是一个寻常女子，我还是希望按部就班地走完普通女人的一生。"

我说："第二点是请你放下幻想，准备斗争。"

青桦吓了一跳，说："我和谁斗争啊？"

我说："别这么紧张，和自己斗争。就是说，你对婚姻，不要抱有太多的梦想。它是一种亲密关系，没有血缘濡养的亲密关系。它比你以前经历过的所有事情都复杂，你要做好充分的心理准备。要有耐心和恒心，要有勇气和责任。"

青桦笑起来说："这可真不像心理医生了，像我妈。我妈就这样说个不停。"

我说："我不会说个不停，只说这一次。但这个世界上有什么紧要的好事情，不需要耐心、恒心、勇气和责任感呢？有些话，因为说得太多，就失去了新鲜感。但爱情和家庭都是很古老的东西了，你不要太期望新鲜，还是相信古老吧。"

"第三点，"我说，"那就是你要抓紧。记得有位伟人说过，抓而不紧，等于不抓。在婚姻这件事上，既然不打算独身到老，就要积极行动起来。"

青桦说："那我岂不变成了花痴？"

我说："别打岔，听我说。我可不喜欢小孩子插科打诨故作幽默。"

青桦说："你的来访者对咨询者也会这样说话吗？"

我说："一般不会。看心理医生是一件严肃的事情，来访者知道分散精力，浪费宝贵时间，得不偿失。时间都是他自己的，是用金钱买来的。当然如果他一定要这样表达，我会和他讨论。真正的花痴是什么意思，请他说明白。很正式地指示他，通常并不调侃。"

青桦撇撇嘴说："哎呀，对花痴，我也不很了解。只觉得武侠小说中一碰到傻呵呵爱恋的女子，见了帅哥围追堵截不放手，就会被人这样骂。"

我说："你知道我是当过几十年医生的人，依我的医学知识，'花痴'其实是中医的一种病名，也就是现代医学所说的'性欲亢进'。无论男女，如果对性行为要求过于强烈，成为一种疾病的话，大夫们就会下这个诊断。主要症状有：性兴奋出现频繁，性要求异常迫切，性生活频率增加，房事时间延长……"

青桦吓得直眨巴眼睛，说："呀，好吓人！再不敢乱用这个词了。我不是花痴。"

我说："那不要给自己乱扣帽子，武侠小说并不是真实的生活。咱回到'抓紧'上面。"

青桦说："你说我怎么抓紧呢？"

我说："这可就是你自己的事了。不要推诿责任，把这事推给父母，推给缘分，推给老天爷，推给我这样的人……这不是我们这帮人的事，是你自己的事。"

青桦说："还有第四条吗？"

我说："没了。已经够多的了，如果你能把这三件事做好了，这事基本上就解决了。"

青桦说："毕阿姨，你再想想，还有什么可补充的？"

我说："没有补充的，但有提醒的。"

青桦说："关于对方的家世？人品？身高？职业？学历？长相？籍贯？"

我说："都不是。这是你考虑的问题，我哪里知道？我要提醒的是你的价值观。"

青桦大笑道:"你现在倒是真的不像心理师了,像我们学校的政治辅导员。"

我说:"青桦,看来你真是没有做过正规的心理治疗。其实,心理师和来访者在咨询室里,最常讨论的就是价值观问题,只是可能用的不是我这种语气。"

青桦说:"阿姨,谈对象,怎么谈到价值观上了?好像在上一堂马哲政治课。"

我说:"并不是只有马克思主义哲学才讲价值观,封建主义、资产阶级照样有价值观,而且无所不在地渗透到各个领域。两个相爱的人,如果在生物属性上特别相宜,但在价值观、道德观上却发生剧烈冲突或者干脆背道而驰,那么恋情可以一触即发,但婚姻常常饱含危机。这就是我要给你的提醒。"

青桦是个聪明的姑娘,频频点头。我不知道这些话她真明白了,还是出于一种礼节。

过了一段时间,青桦开始恋爱了。又过了一段时间,青桦说她要结婚了。她来给我送喜帖,说:"毕阿姨,我愿意你把我的故事写出来。"

我说："你有什么故事啊？很多人都觉得自己的故事值得写出来，其实，有点自恋。多半高估了自己，你经历的基本上算是平常女子的简单问题。"

青桦说："给剩女看啊。人们以为剩女出嫁很难，其实并没有那么难，我能现身说法。"

我说："世上无难事，只要肯登攀。这事还不用登攀，只要眼睛向下一点，目光放久远一些，就走出自己的路了。"

温暖的荆棘

这一天，咨询者迟到了。我坐在咨询室里，久久地等候着。通常，如果来访者迟到太久，我就会取消该次咨询。因为是否守时，是否遵守制度，是否懂得尊重别人，都是咨询师需要以行动向来访者传达的信息。试想一下，如果一个人在没有不可抗力的情况下，对准备帮助自己的人都不能践约，你怎能期待他有良好的改变呢？再说，重诺守信也是现代社会的基本礼仪。因为等得太久，我半开玩笑地问负责安排时间的工作人员："这是一位怎样的来访者，为什么迟到得这样凶？"

工作人员对我说："请你不要生气，千万再等等他们吧。"我说："他们是谁，好像打动了你？为什么你的语气充满了柔情，要替他们说好话？我记得你平常基本上是铁面无私的，如果谁迟到超过十五分钟你都会很不客气。"

工作人员笑着说："我平常是那么可怕吗？就算铁石心肠也会被那个小伙子感动。他们是一双外省的青年男女，失恋了，一定要请你为他们做咨询，央求的时候男孩嘴巴可甜了。现在他们坐在火车上正往北京赶呢。大雨倾盆阻挡了列车的速度，小伙子不停地打电话道歉。"

　　我说："像失恋这样的问题，基本上不是一次两次咨询就可以见到成效的。他们身在外地，难以坚持正规的疗程，不知道你和他们说过吗？"

　　工作人员急忙说："我都讲了，那个男生叫柄南，说他们做好了准备，可以坚持每周一次从外地赶来北京。"

　　原来是这样。那就等吧。原本是下午的咨询，就这样移到了晚上。他们到达的时候，浑身淋得落汤鸡一般，女孩子穿着露肚脐的淡蓝短衫和裤腿上满是尖锐破口的牛仔裤，十分前卫和时髦的装束，此刻被雨水淋在身上，像一个衣衫褴褛的丐帮弟子。她叫阿淑。

　　柄南也被淋湿，但因他穿的是很正规的蓝色西裤和白色长袖衬衣，虽湿但风度犹存。柄南希望咨询马上开始，这样完成之后，还能趁着天不算太黑去找旅店。

工作人员请他们填表。柄南很快填完，问："可以开始了吗？"

我说："还要稍微等一下。有个小问题：吃饭了吗？"

"吃了。"两个人异口同声地回答。

我又问："吃的是哪一顿饭呢？"

他们回答说："中午饭。"

我说："现在已经过了吃晚饭的时间。空着肚子做咨询，你们又刚刚经了这么大的风雨，怕支撑不了。这里有茶水咖啡和小点心，先垫垫肚子再说。"

两个人推辞了一下，可能还是冷饿占了上风，就不客气地吃起来。点心有两种，一种有奶油夹心，另一种是素的。阿淑显然是爱吃富含奶油的食品，把前一种吃个不停。柄南只吃了一块奶油夹心饼之后就专吃素饼了。看得出，他是为了把奶油饼省给阿淑吃。其实点心的数量足够两个人吃的，他还是呵护有加。

等到两人吃饱喝足之后，我说："可以开始了。"

柄南对阿淑说："你快去吧。"

我说："不是你们一起咨询吗？"

柄南说："是她有问题，她失恋了。我并没有问题，我没有失恋。"

我说："你是她的什么人呢？"

柄南没有正面回答我的问题，只是说："她是我的女朋友。"

我说："难道失恋不是两个人的事吗？为什么她失恋了，你却没有失恋？"

柄南说："你慢慢就会知道的。"

我真叫这对年轻人闹糊涂了。好比有一对夫妻对你说他们离婚了，然后又说女的离婚了，男的并没有离婚……恨不能就地晕倒。

咨询室的门在我和阿淑的背后关闭了。在这之前，阿淑基本上是懈怠而木讷的，除了报出过自己的名字和吃了很多奶油饼外，她的嘴巴一直紧闭着。随着门扇的掩合，阿淑突然变得灵敏起来，她用山猫样的褐色眼珠迅速睃巡四周，好像一只小兽刚刚从月夜中醒来。她在我面前坐定，伸直她修长的双腿之后的第一句话是："你这间屋子的隔音性能怎么样？"

我还是第一次碰到来访者问这样的问题，就很肯定地回答她："隔音效果很好。"

阿淑还不放心，追问道："就是说，咱们这里说什么话，外面绝对听不到？"

我说："基本上是这样的，除非谁把耳朵贴在门扇上。但这大体是行不通的，工作人员不会允许。"

阿淑长出了一口气，说："这样我比较放心。"

我说："你千里迢迢地赶了来，有什么为难之事呢？"

阿淑说："我失恋了，很想走出困境。"

我说："可是看起来你和柄南的关系还挺密切啊。"

阿淑说："我并不是和他失恋了，是和别人。那个男生甩了我，对此我痛不欲生。柄南是我以前的男友，我们早已不来往好几年了。现在听说我失恋了，就又来帮我。陪着我游山玩水，看进口大片吃美国冰激凌，你知道这在外省的小地方是很感动人的。包括到北京来见你，都是他的主意……"阿淑说话的时候不时地看看门的方向，好像怕柄南突然把门推开。

我说："阿淑，谢谢你对我的信任，让我对你们的关系比较清楚一点了。那么，我还想更明确地听你说一说，你现在最感困惑的是什么呢？"

阿淑说："天下没有免费的午餐，当然也没有免费的人陪着你走过失恋。现在的问题是，我要甩开柄南。"

说到最后这一句话的时候，阿淑把声音压得很小，凑到我的耳朵前，仿佛我们是秘密接头的敌后武工队员。

我在心底忍不住笑了——在自己的咨询室里，我还从来没有过这样鬼鬼祟祟的样子呢。面容上当然是克制的，来访者正在焦虑之中，我怎能露出笑意？我说："看来你很怕柄南听到这些话。"

阿淑说："那是当然了。他一直以为我会和他重修旧好，其实，这是根本不可能的。谢谢他，我已经从旧日的伤痕中修复了，可以去争取新的爱情了，但这份爱情和柄南无关。我到你这儿来，就是想请你帮我告诉他，我并不爱他。我是失恋了，但这并不等于他盼来了机会。我会有新的男朋友，但绝不会是他。"

我看她去意坚决，就说："你已经想得很清楚了？"

阿淑说："是的，很清楚了。就像白天和黑夜的分割那样清楚。"

我说："这个比方打得很好，让我明白了你的选择。但是，我还有一点很疑惑，你既然想得这样清楚，为什么不能说得同样清楚呢？你为什么不自己对柄南大声说分手？你们朝夕相处，肯定不止有一千次讲这话的机会，要为什么一定要千里迢迢地跑到北京来，求我来说呢？"

阿淑把菱角一样好看的嘴巴撇成一个外八字，说："你怎么连这都不明白？我不是怕伤害他嘛！"

我说："你很清楚你不承认是他的女朋友，就伤害了柄南？"

阿淑说："几年前，我第一次离开他时，他几乎吞药自杀，好不容易才缓过神来。这一次，真要出了人命关天的事，我就太不安了。"

我说："阿淑，看来你内心深处，还是一个善良的女孩。只是，当你深陷在失恋的痛苦中的时候，你明知自己无法成为柄南的女友，还是要领受他的关爱和照料，因为你需要一根救命的稻草。现在，你浮出了旋涡，就想赶快走出这种暧昧的关系。只是，你不愿意看到这种悲怆的结局，你希望能有一个人代替你宣布这个残忍的结论，所以你找到了我……"

阿淑说："你真是善解人意。现在，只有你能帮助我了。"

我说："阿淑，真正能帮助你的人，只有你自己。虽然我非常感谢你的信任，但是，我不能代替你说这样的话，你只有自己说。当然了，这个'说'，就是泛指表达的意思。你可以选择具体的方式和时间，但没有人能够替代你。"

阿淑沉默了半天，好像被这即将到来的情景震慑住了。她吞吞吐吐地说："就算我知道了这样做是对的，我还是不敢。"

我说："阿淑，咱们换一个角度想这件事。如果柄南不愿意和你保持恋人的关系了，你会怎样？"

阿淑说："这是不可能的。"

我说："世上万事皆有可能。我们现在就来设想一下吧。"

阿淑思忖了半天，说："如果柄南不愿意和我交朋友了，我希望他能当面亲口告诉我这件事。"

我说："对啊。己所不欲，勿施于人。如果柄南找到一个第三者，托他来转达，你以为如何呢？"

阿淑咬牙切齿地说："那我会把第三者推开，大叫着好汉做事好汉当，千方百计找到柄南，揪住他的衣领，要他当面锣对面鼓地给我一个说法、一个解释、一个理由、一个结论！"

我说："谢谢你的坦诚，答案出来了。失恋这件事，对于曾经真心投入的男女来说，的确非常痛苦。但再痛苦的事件，我们都要有勇气来面对，因为这就是真实而丰富多彩人生的本来面目。困境时刻，恋情可以不再，但真诚依旧有效。对于你刚才所说的'四个一'，我基本上是同意一半，保留一半。"

阿淑很好奇，说："哪一半同意呢？"

我说："我同意你所说的——对失恋要有一个结论、一个说法。因为失恋这个词，你想想就会明白，它其中包含了个'失'字，本质就是一种丧失，有物质更有精神的一去不复返，有生理更有心理的分道扬镳。对于生命中重要事件的沉没，你需要把它结尾。就像赛完了一项马拉松或是吃完了一顿宴席，你要掐停行进中的秒表，你要收拾残羹剩饭刷锅洗碗。你不能无限制孤独地跑下去，那样会把你累死。你也不能面对着曲终人散的空桌子发呆，那渐渐腐败的气味会像停尸间把人熏倒……"

阿淑说："这一半我明白了，另一半呢？"

我说："我持保留意见的那一半，是你说在失恋分手的时候要有一个解释、一个理由。"

阿淑说："我刚才还说少了，一个解释、一个理由哪里够用？最少要有十个解释、十个理由！轰轰烈烈的一场生死相依，到头来悄无声息地烟消云散了，还不许问为什么，真想不通！郁闷啊郁闷！"

我说："我的意思不是瞒天过海什么都不说，不是让大家身处云里雾中，死也是个糊涂鬼。人心是好奇的，人们都愿意寻根问底，踏破铁鞋地寻找真谛。这在自然科学方面是个优良习惯，值得发扬光大，但在情感问题上，盘根问底要适可而止。失恋分手已成定局，理由和解释就不再重要。无论是性格不合还是家长阻挠，无论是两地分居还是第三者插足，其实在真正的爱情面前，都不堪一击。没有任何理由能粉碎真正的伴侣，只有心灵的离散才是所有症结的所在。理由在这里不再重要，重要的是你要接受现实。"

阿淑点点头说："我明白你的意思了。我应该有勇气面对自己的失恋，我不能靠着柄南的体温来暖和自己。况且，这体温也不是白给的，他需要我用体温去回报。温暖就变成了荆棘。"

我说："谢谢你这样深入地剖析了自己，勇气可嘉。特别是体温这个词，让我也百感交集。本来你们重新聚拢在一起，是为了帮你渡难关，现在，一个新的难关又摆在你们面前了。"

阿淑身上的湿衣已经被她年轻的肌体烤干了，显出亮丽的色彩。她说："是啊，我很感谢柄南伸出手来，虽然这个援助并不是无偿的。现在，我要勇敢地面对这件事了，逃避只会让局面更复杂。"

我说："好啊，祝贺你迈出了第一步。天色已经不早了，你们奔波了一天，也需安歇。今天就到这里吧，下个星期咱们再见。"

阿淑说："临走之前，我要向你交一个功课。"

这回轮到我摸不着头脑，我说："并不曾留下什么功课啊？"

阿淑拿起那张登记表，说："这都是柄南代我填的，好像我是一个连小学二年级都没毕业的睁眼瞎，或是已经丧失了文字上的自理能力的废人。他大包大揽，我看着好笑，也替他累得慌。可是，我不想自己动手。我要做出小鸟依人的样子，让柄南觉得自己是强大的，让他感觉我们的事情还有希望。现在，我知道在这个问题上，我利用了柄南，自己又不敢面对，就装聋作哑得过且过。现在，我自己来填写这张表，我不需要你代替我对他说什么了，也不需要他代替我填写什么了。"

我真是由衷地为阿淑高兴，她的脚步比我最乐观的估量还要超前。

看着他们的身影隐没在窗外的黑暗中，我不知道他们还会并肩走多远，也不知道他们的道路还有多长，但我想他们会有一个担当和面对。工作人员对我说："你倒是记着让来访者吃点心当晚饭，可是你自己到现在什么也没吃啊。"

我说："工作之前不会觉得饿，工作之中根本不会想到饿，现在工作已经告一段落，饿和不饿也不重要了。"

冰雪篱笆

一位男医生对我说："我有一个男病人，说他的妻子是世界上最冰冷的女人，我想请你同她谈谈，不知你能否答应？"我一时没反应过来，开玩笑道："世上最冰冷的女人，大概要数《泰坦尼克号》中的罗斯小姐，那种冰海中的长时间浸泡，冻彻肺腑，真乃人间酷刑。"

男医生说："喔，不是那种体温上的冰冷。是性的冷淡。经过多方面的探讨，我是束手无策了。转介给你，女性之间的对话，可能较为方便。"

我严肃起来道："你先说说她丈夫是怎样求诊的？"

医生道："那丈夫说，他和妻子是大学的同学，真是男才女才，男貌女貌啊……"

我忙说："停停。请解释。什么意思？绕口令似的。"

医生道："是啊，当时我也听得一头雾水，要他说得清楚一点。那丈夫道：'这是同学们的评价，意思是说我们两个，就是我和我妻子，都很有才华，相貌也同属上乘。古戏中说的是男才女貌，对我们来说，每个人都有才，也每个人都有貌。若我们两个结合起来，双才双貌，色艺俱佳，那就好事占绝，无往不胜。'"

我忍不住问道："嗟，天下有这样的佳偶，真是难得。依你的眼光看，这做丈夫的说的可确实？"

医生笑笑道："我知你开始介入情况了，想了解一下这对夫妇对现实状态的感觉，是否在常规之内。是的，常常有这种人，自我感觉太好，对自己的评价和对他人的评价，走进了误区。把自己神化，把他人妖魔化。如果来人是这种情况，倒比较简单。我仔细观察了这个男子，天庭饱满，地阁方圆，谈吐有方，很有学养，合乎法度。只是神色忧郁。看来他对现实的把握是正常的。"

我说："那么，他的妻子，你见了吗？"

男医生说："见了。正因为见了，才更觉糊涂。他的妻子仪容俏丽，是一个优雅智慧的知识女性，能很开放地同我谈论他们夫妻间的性生活不和谐问题，并说双方到医院做了各项检查，所有的指标都显示正常。

"所以，我是没办法了，看你可有什么妙计以安天下。因为我不但从医生的角度，也从一个男人的角度出发，同情理解那个丈夫的苦恼，希望你能和他的妻子开诚布公地谈谈，看是什么症结在阻挠着这位生理上完全正常的女性，无法全身心地爱她的丈夫。"

我说："试试吧，我也没有很大的把握。"

和那位妻子见面的第一瞬间，我就承认男医生的判断完全正确。这是一位外表看起来无懈可击的正常女性，白领装束，风度翩然。

我说："从哪里开始谈呢？"

她说："就从基因开始吧。"（为了称呼的方便，我就叫她茵。）

我说："为什么从这里开始呢？好像一个生物实验室似的。"

茵笑了，说："基因几乎就是我和丈夫结合的红娘啊。"

我讶然，问道："这是怎么回事？"

她说："你知道，大学是个谈恋爱的好地方。几乎所有杰出和不怎么杰出的男生女生，都希望在大学的校园里，找到自己的另一半。人们不但自己辛辛苦苦地找着，还用自己的眼光，为别人操劳着。在这方面，人可以说是充满了搭配组合的欲望，甚至有一种游戏和测验的味道。男宿舍和女宿舍经常议论班上谁和谁合适，这是半夜三更时分永久的话题。

"我和我的丈夫，就是在这种氛围内走到一起的。所有的人都说——你们是多么般配的一对啊。

"是的，不是我自夸，我的容貌和智商，都在女人当中属于上乘。我说这一点，没有炫耀的意思，只是实事求是。"

茵说到这里，看着我。我知道需要给她一个回馈，我用力地点点头。不但是出于礼貌，也是出于赞同。

茵接着说下去。

"我的先生，也很棒。有句俗话，众口铄金，意思是群众舆论的力量非常大。我相信这句话。人们都说你们合适，熟悉你的人这样说，刚刚认识不久的人也这样说，你的家人这样说，你的仇人也这样说，你就觉得这件事有点神秘，有点宿命，甚至有点在劫难逃。说的人多了，你就有一种顺从感，并在其中感觉安全，以为这是一桩保险的婚姻。

"后来，我们果真结婚了。刚开始的时候，我们夫妻生活很幸福，那种滋润有流光溢彩的美容效果，是能够反映到皮肤上的。认识我的人都说，你越来越俏皮了，什么时候添宝宝啊？你们的孩子，一定结合了双方的优点，又聪明又漂亮……"

说到这里，茵的目光突然暗淡了。她停顿了片刻，懒懒地说下去。

"生了宝宝之后，有一段我忙着照料孩子，丈夫也很体谅我，夫妻生活那方面很少要求。后来，请了保姆，孩子有人照料，另居一室。当我们有机会开心地鸳梦重温时，我才突然发现，我所有的兴趣都丧失殆尽，整个人如同枯木死灰。这不是心理上的原因，我爱我的丈夫，我希望他快乐幸福，但是，我身体不听我的指挥，它抗拒厌恶这种活动，像石块一样毫无反应。当时我想，可能是生育的变化，强烈地改变了我的机能，随着时间的推移，就会慢慢恢复。我把这个感受同我丈夫讲了，他通情达理，很理解我，愿意等待我复原。我们就这样等着，试着……但是，至今已经整整七年了，女儿已经从襁褓走进了小学，我和丈夫的夫妻生活却没有丝毫好转。我已尽了所有的力量，可是身体不是电脑，它不听你的命令，顽强地抵抗着。我身不由己，非常痛苦……"

茵讲到这里，停下来，眼巴巴地看着我，希望我能给出一条秘诀。

我看着她，心想：看来，他们夫妻感情上很恩爱，生理上也经过反复测查，排除了器质性疾患，症结究竟在哪里呢？

突然，一个有关时间的概念强烈地提示了我——"生了宝宝之后"。

我说："生了宝宝之后，发生了什么事情呢？"

我在心中飞快地假设了多种可能性，没想到茵回答我说："没发生任何事情。当然，有了宝宝，时间比以前紧张，身体操劳了，但是，这都不是决定的因素。你可以看出来，我的身体很好。"

是的。我看得出来，她营养状态不错，既不臃肿也不细弱，正是少妇生机勃勃的年华。

我的直觉让我坚持"时间"这个变量。总觉得在这个时段，发生了什么。她的否认，让我感到按着通常的逻辑，似乎不能解释。我细细地回忆着她说过的每一个字，猛然，我想到了对话时，她那个少见的开头——基因。

我说："你相信基因吗？"

她苦笑了一下说："又信又不信。"

我追问："此话怎讲？"

她说："信，是因为那是科学，中国外国的报纸都在讲。龙生龙凤生凤，你不信行吗？要说不信，嗨……我和丈夫的基因都不错……算了算了，不谈了。"她万分沮丧地低下了头。

我感到自己正在接近那个谜团的核心。虽然追问下去看起来是一种残忍，但也许正是要害所在。我说："我看你一下子变得垂头丧气的，能否告诉我，这和基因有什么关联？"

她痛苦地低下了头。由于她的头低得很深，我无法知道她的面部表情。当她再次抬起头，我才看到满脸滂沱泪水。

我说："看到你非常难过，我也很不好受。能告诉我，你想到了什么吗？"

她吃力地说："不是想到，是看到……第一次看到的时候，我几乎昏了过去。"

说着，她从自己精巧的手提包夹层里，掏出一张照片，递给我。

我看到了一个女孩。扁扁头，肿眼泡，塌鼻子，瘪嘴巴，稀疏的头发……天啊，几乎所有女孩子长相上的忌讳，这小姑娘都犯了。

"这是……"我迟疑着没敢把话说完整。

"是的，这是我的女儿。这就是基因的故事。我和我丈夫的基因都那么卓越，可是组合在一起，怎么就成了这个样子？我恨这种男女结合，它是一种魔鬼的戏法。它能把优秀化成腐朽，它耍弄人，它把一种灾难、一种命运的不可知性强加给我，它让我一看到这个孩子，就对性的活动产生了强烈的憎恶感。它是蛇蝎出没的烂泥潭，给你片刻的欢愉，然后是无尽的恐怖和烦恼。直到你沉没了，它却若无其事地站在一旁冷笑。它把瞬间的事情，化成严酷的绵延的后果。所以，我要反抗它。我要禁绝它对我的再一次迫害。我用冰雪修建篱笆，严丝合缝，它再也休想钻入，我以所有的力量抵御它的诱惑，我不能承受当我第一次看到这个孩子的丑陋容貌时，所遭受的惨痛的挫败。那一刻，我是世上最绝望的母亲……"

我忙插嘴说："不好意思，打断一下，你对女儿怎样？"

在这一刻，我真的非常关切那位让母亲大失所望的女儿。

"还好。因为我知道这不是她的过错。我不该恨她。要说恨，该恨的是我，是她的父亲，是我和丈夫的这种结合，是制造生命的过程。"茵说完紧紧咬着嘴唇。

谈到这里，真相大白了。这位母亲，无法接受女儿的容貌，追本溯源，她认为是性的活动导致了男女双方基因的重组，她就在潜意识里抵制夫妻间的性生活。用自己的推理，堆积成一座冰山，把自己冷冻成了"罗斯"。

我说："生命的诞生的确是一个非常复杂的过程，显性遗传隐性遗传，还有许许多多人类无法破解的题目。基因是无罪的，夫妻间的性生活是无罪的，你的女儿也是无罪的。况且，一个人的先天相貌和他后天的发展，也没有完全必然的关系。你的冷漠，归根结底，来源于一种不合理的期望的破灭。你希望有一个明眸皓齿的孩子，这可以理解，却不能把它当成百分百的真实。一旦达不到理想，你就把愤怒投射到了夫妻生活。"

茵看着我，若有所思的样子。久久，她喃喃地说："哦哦，原来，是这样啊。其实，有了现代的避孕工具，悲剧就不会重演。再说，基因的组合，也是人类无法控制的概率……"

我欣喜地看着她，知道冰雪已渐渐消融。

我忏悔，因为我的身材

女人们对自己感情经历的态度，大体上可分为三种。一种是讲，逢人就讲，对熟悉她和不很熟悉她的人，甚至车船旅途中的萍客，都可倾诉。一种是不讲，埋得很深，不少人把它像一种致命的病菌一样，带进坟墓。第三种是通常不讲，但在某一特别的场合和时间下，会对人讲。那种时刻，如果我恰巧成为听众的话，常常生出感动。因为我知道，此时一定有什么特别的情形，痛切地触动了她的内心。我也要感激她对我的信任和这一份特别的缘分。

那一夜，月亮非常亮。据说是六十三年以来，月亮最亮的一个晚上。女孩对我说。

我是师范院校的学生。读师范的女生，基本上都是家境贫寒的，长相通常也不很好。这样说，我的女同学们，可能会不服气，但我说的是实话，包括我自己，相貌平平。大约读大二的时候，我们就可以做家教了。其实那时，我们和普通大学生所上的课，并没有大的区别，还没学到教学教法什么的，也不一定就能当好如今独生子女的小先生。师范院校的牌子挺能唬人的，再说我们也特需要钱来补贴。所以，同学们就自己组织起家教"一条龙"服务，每天派出代表，在大街上支个桌子，上书"家教"两字，等着上门求助的家长，接了活后再分给大家。谁领到了活，会从自己的收入当中，抽一部分给守株待兔的同学——我们称他们为"教提"。

有一天，教提对我说："给你分一个大款的女儿，你教不教？"我说："钱多不多？"他说："官价。"我说："你还不跟大款讲讲价？"他苦笑着说："讲了，不成。人家门清。"我说："好吧，官价就官价。"他说："那明天下午四点，范先生驾车到大门接你。"

第二天，我提前五分钟到了学校门口。没人。我正好把自己的服装最后检视一遍。牛仔裤，白T恤——挺得体的，既朴素又充满了活力，而且这是我最好的衣服了。

四点整，一辆我叫不出来名字的红跑车飞驰而来，停在我面前，一位潇洒的中年男人含笑问道："你是黎小姐吗？"

我姓李，他讲话有口音，我也就不计较了，点点头。我说："你是范先生吗？"他说："正是。咱们接上头了，快请上车吧，我女儿正在家等你呢。"

我上了车，坐在他身边，车风驰电掣地跑起来。我从来没有坐过如此豪华的车，那感觉真是好极了。他的技术非常娴熟，身上散发着清爽的烟草和皮革混合的气味，好像是猎人加渔夫。总之，很男人。

他一边开车一边说，女儿的英语基础不是很好，尤其是胆小，不敢对话，练习口语的时候声音弱极了，希望我不要在意。我的目光注视着窗外飞速闪动的街景，不停地点头……心想，同样的建筑，你挤在公共汽车上看，和坐在这样高档的车里看，感受竟有那么大的差别啊。

很快到了一片"高尚"住宅区。（我对这个词挺不以为然的，住宅也不是品质，凭什么分高尚和卑下呢？）在一栋欧式小楼前面停下，他为我打开车门时说："我的女儿英语考试成绩每提高一分，我就奖给你一百块钱。"

我充满迷茫地问他："你女儿的英语成绩，和我有何相干呢？我是来教历史的。"

那一瞬，我们大眼瞪小眼。然后异口同声地说："对不起，错了。"他赶紧带上我，驱车重回校门口，接上那位教英语的黎同学回家，而我也找到了已经等得很不耐烦的范先生。

说实话，那天我对范先生的女儿很是心不在焉。这位范先生虽说也是殷实人家，但哪能与那一位范先生相比呢？我心里称那位先入为主的为范一先生。

晚上，我失眠了。范一先生的味道，总在我的鼻孔里萦绕。我想，住在那栋小楼里的女人，该是怎样的福气呢？不过，想来素质也不是怎样好吧？不然，她的女儿为什么那么胆小？要是我有这样的先生和家业，会多么幸福啊……

想归想。这年纪的女生，谁没有一肚子的幻想呢？天一亮，我就恢复正常了，谁叫咱是灰姑娘呢！下午四点之前，我又到了校门口，范二先生说好了再来接我。可能是因为头天迟到的缘故，我到得格外早。

走近校门，我的心咚咚跳起来——又看到了那辆非凡的红色跑车。我悄悄站在一旁，因为和我没关系。他是来接英语系的黎同学的，这很好理解。

没想到，那辆红跑车，如水鸟一样无声地滑到了我面前，范一先生温柔地笑着说："李小姐，你好。"

我说："你到得很早啊。"

范一说："昨天我正点到时，你已经到了。所以我想你今天还会到得早，果然不错。我喜欢守时的人，咱们走吧。"

他说着，打开了车门。

我说："范先生，昨天错了。"

他笑笑说："昨天错了，今天就不能再错。我已将黎同学炒了，重新雇用你。"

我很吃惊，说："你怎么会知道今天我们能见面？"

他说："不要这么惊奇。你惊奇的样子，可爱极了。对于一个商人来说，这点信息有什么难呢？历史系，一个姓氏和'黎'近似的有着魔鬼身材的女生，现正做着家教……就这样啊。"

我扶着车门说："我不是英语系的。"

他说："你的大学只要是考上的，就可以教我女儿的英语……上车吧，我女儿已经在等了。"

在车上，所有昨天的感觉都复活了。正当我沉浸在速度的快感之中时，范一先生打断了我的美好感受。他说："看来你对自己太不在意了。"

我说："此话怎么讲？"

他说："你穿着和昨天一模一样的衣服。有你这样魔鬼身材的女孩，应该善待自己才是。"

我说："一个穷学生，是无法善待自己的。"

他说："我也当过穷学生，你的处境我体会过。但是，别忘了，你有资源啊。"

我说："我有什么资源啊？芸芸众生而已。"

他说："你的身材非常好，我昨天一眼就被吸引了。一个人，长相好，其实相对来讲比较容易。一张脸，才有多大的面积？对比匀称不算难。就是有些小的瑕疵，比如眼睛不够大，鼻梁不够挺直，做做整容也不难，巴掌大的地方，就那么几组零件，好安排。可一个人的身材，波及全身所有的结构，头颅过大过小都不成，脖子不长不行，脊柱要挺拔，胸腰的比例要适宜，腿更是重中之重，要是短了，纵使闭月羞花也白搭……你呢，刚刚好，所有的搭配都天造地设，你要懂得珍惜啊。而且我提醒你，女性的身材，是很脆弱的结构。上了年纪，就不一样了。锻炼出来的，节食出来的，和天然的，是不一样的……好了，我们到了。"

又是那座小洋楼，但我无心观赏它的精致了。我的心被范一先生的逻辑催动，变得不安分了。这就像一个穷人，守着自己的几亩薄田苦熬。有一天，突然有人对你说，你田里长的那些草，都是人参啊。你还能心平气和吗？

不过，那天我还是抖擞起精神，辅导范一先生的女儿。我对女主人的羡慕和忌妒，都不存在了。这是一个没有女主人的家庭，因此那女孩十分孤独内向。她的英语其实不是很差，只是因为不敢说，成绩才糟。

范一对我很满意，约定以后天天接我来做家教。我说："都是这辆车吗？"

他说："你很在意这辆车吗？"

我说："不是在意，是它美丽。"

他说："我能理解。美丽的东西，人们都想和它在一起。好吧，即使我不能来，我也会派我的司机，开着这辆车来。"

我和范一先生的女儿交了朋友，她的胆子渐渐大起来。嘴一敢张开，成绩就突飞猛进。

校门口每天准时出现的红色跑车，让我大出风头。有时候下午有课，我就编谎话请假，总之从未误了范一那边。期末，那女孩的英语成绩提高了二十五分，范一递给了我两千五百块钱。

我就接过来了，心安理得。

后来，他开始给我买衣服，我不要，他说："我是不忍暴殄天物啊。"我就收了……直到有一天，他很神秘地拿出一个纸袋，说是托人特地从国外带回来的时装，送给我。那套衣服漂亮得让人心酸，让人觉得自己以前穿过的都是垃圾。

"你能今天在我家就把这套衣服穿起来，让我看看吗？你知道，我也很爱美丽的东西啊。"范一说。

我本不想答应，但我怕范一不高兴。工钱和奖金，都是我需要的，还有这套华贵的衣服。

我把卫生间里面门上的小疙瘩按死，开始换衣服。正当我把旧衣服脱下，新衣服还没上身的时候，门无声无息地开了。

"我想看看自己的眼光，对你的三围的估计准不准？"范一说。

我呼救反抗……偌大的房间里，只有我们两人，女孩到同学家去了。暴行之后，范一扔下一笔钱，说："我是很公平的。你们做家教，是按小时收钱，明码标价。我也是。你的每一厘米胸围，我付一笔钱。你的腰围比臀围每少一厘米，我付一笔钱。我可以告诉你，我从来没有给过任何一个'小姐'这么多的钱。你真是魔鬼身材啊。"

我很想到公安局告他，可我怕舆论。每天招摇的红跑车，让我气馁。我也很想把钱扔到他脸上，然后扬长而去。那是电影里常常出现的镜头，但是，我做不到。我缺钱。我已经付出了高昂的代价，我要为自己保存一点物质补偿。

我想，一个人是不是记得住那些惨痛的教训，不在于片刻的决绝，而在于深刻的反省吧。

我再也没有见过范一。有时候，在镜子面前欣赏自己优美的身材，我会想起范一的话。我承认这是一种资源，但是，所有的资源，都需要保护。越是美好的资源，越要珍惜。女人，最该捍卫的，不就是我们的尊严吗？！

在明月的照耀下，我看到她脸上的清泪。

爱情可算是一种病

如今的年轻人，他们的爱情观同以往相比有了很大的变化。"不敢去爱""不会去爱"成了一种普遍的心态。有人问："爱情还值得相信吗？"也有人很现实地说："爱情，就是嫁个殷实人家，吃穿不愁。"在他们身上，本应闪耀着七彩光芒的爱情变得世俗且苍白。爱情是否只是一种冲动？人们应该如何发展自己玫瑰色的爱情？带着这些问题，记者拜访了毕淑敏老师。

记者：毕老师，你好。现在社会上出现了越来越多的爱情病人。他们在选择爱情、发展爱情的过程中遭遇到了不少困难。你觉得，导致出现这些爱情病人的最重要的原因是什么呢？

毕老师：首先，我可能要对这个称呼来一点小小的修正。现在社会上有很多对爱情退缩、逃避甚至失败的例子，但我不想把他们称呼为"病人"。的确，有人说过，在恋爱中的人智商会倒退一万年。这虽是一句玩笑话，也说明恋爱是一个激情充溢理智相对匮乏的特殊阶段，有着非同寻常的心理过程。你说的那些年轻人不是病人，而是遭遇了一次严重的心理困惑。"病人"这顶帽子，会给人以压力。给谁贴上一个"病人"的标签，他就会觉得自己不正常了，成了异类，有了压力。这样吧，咱们折中一下，凡是在称呼爱情病人的地方，就特别加上引号——"爱情病人"，用以表示这不是真正的疾患，只是一种成长的困境。

记者：好的，那你觉得，为什么这些"爱情病人"会在我们这个时代出现呢？或者说，导致"爱情病人"对爱情适应不良的根本原因是什么？

毕老师：爱情，说到底是人与人之间的一种亲密关系。它超越了血缘、宗教、国界、种族、年龄等等，是人类一种高级情感活动。一个人有没有发动爱情和分享爱情的能力，能不能对爱情负责到底，这是一个人的人格和整体心理健康水平的体现。"爱情病人"，不仅仅表现在对于爱情的无能和偏颇上面，总体上来说，他们的人际关系也处在一种亚健康的状态，甚至是病态的。无论是对他人的理解，还是正常的人际沟通，他们都存在一些问题。

记者：现今的社会环境稀释了爱情中很古典的一些品质，比如"刻骨相思""忠贞""信赖"等等。好像这些品质已经不再被看重，是过时的东西了。你如何看待这种现象？从社会发展的角度看，一个"爱情被普遍质疑"的社会有什么缺憾吗？

毕老师：信赖是人的安全感的最主要来源之一。在一个丧失了信赖的家庭中生活，人是不会感受到幸福的。而由爱情组成的家庭，无疑是获取和维持幸福感最宝贵的发源地。忠贞这个观点，可能要随着时代的进步做一点点修正，因为贞洁有点从一而终的味道，比较而言，我更喜欢忠诚这个词。爱情和婚姻是心对心的相互承诺和对接。它需要的是相互之间严肃的尊重，贯穿其中的则是强烈的责任感和牵手一生的坚定。说到刻骨相思，我觉得可能随着时代的发展，现代人比古代人要幸运很多了。古代靠的是鸿雁传书，常常生死离别音讯皆无，让恋人们望断天涯肝肠寸断。而现在有了无数的新技术，火车飞机电话视频手机短信无线上网等等，都让相爱的人们有了更多相见交流的机会，可以一解相思之苦。从这个角度上说，时代改变了恋爱的硬件环境，只是爱情的软件恐怕很难改变，那就是彼此的尊重与相守。如果说"爱情被普遍质疑"了，这就是时代的悲剧。

记者：新一代年轻人普遍"个性强、以自我为中心、与人相处的能力较弱"。这似乎直接影响了他们谈恋爱的能力，你对此有何建议呢？

毕老师：与人相处不是天生就会的，需要学习。这不是一个简单的人际沟通或交流问题，需要付出艰苦的努力。首先，你要学会尊重别人。既不仰视，也不俯视，而是把对方看作和自己一样有血有肉的人。因为只有在平等的框架中，才会有真正富于建设性的关系。其次，你要学习一些人际关系的技巧。在农耕社会时代，一个普通人一辈子大约只接触几百个人，行走的区域不过方圆几十公里。人与人之间的关系，讲究的是"路遥知马力，日久见人心"，遵循的是循序渐进按部就班的缓慢逻辑。而一个现代青年，从结识人数来看，已经是几十倍几百倍地扩大了。他活动的范围也大大地超越了我们的祖先。以前的青年男女可以凭着父母之命、媒妁之言来确定自己的另一半。

虽说酿成了很多悲剧，但在丧失自由的同时也免除了自己挑选的责任。就算是婚后两人感情不和，也可以把责任推到父母和媒人身上。如今社会进步了，谈恋爱就基本成了要自己独立完成的课题。在这方面，自由也是一把"双刃剑"。享有自由的同时，你也要承担责任。很多人平时高呼着要自由，但在这门严峻的功课面前，反倒一筹莫展，只得用逃避来掩饰自己的怯懦。爱情是美好的，但不是从天上掉下来的，要善于发现并坚持不懈地争取和建造。

记者：就你的体会而言，成长在新的历史环境中的这一代年轻人其爱情观与以往的有什么不同吗？开放而多元化的时代对爱情本身的影响，是积极的还是消极的？

毕老师：新的历史环境，为今天的男生和女生提供了更多的选择。开放而多元的文化取向，让爱情更加斑斓多姿。比如，从前认为女子要找的伴侣，一定要年纪比自己长、收入比自己多、学历比自己硬、个子也要比自己高……现在这样的条条框框已经被很多人放弃了。有人说："身高不是距离，年龄不是问题。"其实在他们眼中，身高、年龄，甚至国籍、肤色，都已经不再是爱情面临的最主要的问题。至于爱情观，有兴趣的人可以梳理一下——自己的爱情观究竟是什么样子的呢？我觉得它从属于一个人的世界观，是一个人整体素质和志向的一部分，不能脱离开全局来谈局部。有人以为爱情是个独立王国，是可以和一个人的出身背景、学术环境、人文素养、道德修炼、艺术禀赋、天性习惯等等割裂开来的。爱情作为一种激情运作，是可以骤然产生的。有生理学家研究，所谓的一见钟情，其实就是基因的高度契合。但是对于人这种高级生物来说，单单是遗传基因的契合，并不能造就完美的爱情和婚姻。人不能被纯粹的生理结构牵着鼻子走，爱上一个人，同时也就意味着要接纳他的全部。很多人会有一叶障目、不见泰山的感觉。只看到自己愿意看的一面，放弃考察对方整体的心理状况，就事论事，就爱论爱。其实这是比较幼稚的。我建议一个人在确立自己的爱情观的时候，先找一找自己的人生观是什么。爱情是人生列车上的轮子，但并不是火车头。一个人不可能只是为了爱情而活着，那样就迷失了人生的深邃意义。到头来，爱情也变成虚空。

记者：越来越多的女孩将爱情作为改变自己命运的工具，

你对此怎么看？对这些人，你有什么好的建议吗？

毕老师：说到这儿，我忍不住想稍稍修正一下这个说法。越来越多的女孩不是把爱情作为改变命运的工具，而是把婚姻作为改变的工具。在这里，爱情和婚姻并不完全可以画等号。在那种改变命运的希望中，仅有爱情是不够的。要想凭借着另外一个人、一种力量来改变自己的处境，就必须把自己和那个人紧紧地绑在一起。通常的情况下，要绑得紧，就只有求助于有法律保护的婚姻。也许最后她们正是为了要改变命运，反倒要背弃纯真的爱情，走向无爱的婚姻。

如果爱情和命运两者的走向是一致的，那真是可喜可贺的事情。估计对于这种选择，所有的人都会赞成。我们产生怀疑的是另外一种：为了命运的改观，把爱情变成了筹码，让命运凌驾于爱情之上，爱情不过是命运的马仔。不过，女子借婚姻来改变自己的命运，古而有之，并不罕见。比如远嫁的王嫱，又比如女皇武则天。古代有，现在有，我相信以后也还会有。对此，人各有志不得勉强。爱情和婚姻是充满了独立色彩的单选题，每个人的卷子都不一样，也没有标准答案。我只是想提醒希图借婚姻改变命运的女子一句话——把自己的命运维系在另外一个人身上，无论有多少海誓山盟，无论你今天如何运筹帷幄，都是有风险的。一个人的命运应该始终掌握在自己手中，无论山高地远，无论暴雨狂风。

　　记者：好的，谢谢毕老师。

婚姻在差异中成长

在我的咨询室里，来过很多婚姻触礁的男人和女人。他们的皱纹连接起来，可能和本初子午线一样长了吧？（夸张了，请原谅。）他们的眼泪汇在一起，会漫浸整个城市的街道，湿了人们的裤脚吧？他们寻求改善，希望给濒死婚姻注入强心剂，以求爱的重生。那种绝境中的挣扎，让双方的心灵，都溅满了泥污甚至血泊。

我相信，他们曾经相爱过。不少人爱得摧枯拉朽山崩地裂。然而，激情可以让人走到一起，却不能保证持久的黏合。随着现代社会的不断发展，婚姻双方越来越强调自己在家庭中的独立地位。独生子女的一代，因为缺少兄弟姐妹，他们在如何与人沟通上先天处于不利地位，婚姻生活面临更大挑战。

恋爱中的男女把对方加以神秘地美化，包涵较多，结了婚之后双方都松了一口气，个性伸张，差异充分暴露出来，争吵也在所难免。

原因来自以下几方面。

第一，两人的个性与成长经历不同。夫妻关系里的个体，首先是"你"和"我"，然后才是"夫"和"妻"。这就决定了人们在考虑问题时，会先从自身的思维惯性出发，爱并不能改变一切。这世界上从来不存在两片完全相同的叶子，也不存在两个完全相同的个体。让我们退一万步设想：假设这世界上真有两个思维方式和个性完全相同的男女结成了夫妻，你起床他也起床，然后两个人讲述一模一样的梦境，穿起同样颜色的衣服，写下一模一样的文字……两个人倒是不会吵架，但这不仅是无趣的，简直就是恐怖！心理学家研究证明，人们在寻觅伴侣时，会搜找那些与自己有很多基本相似点的对象，但随着了解的逐步增多，也会剔除那些与自己相似程度过高的个体。

第二，婚姻双方对婚姻的期许与理解不同。有人会期待婚姻中的情感交流多一些，更多花前月下琴棋书画。有人则觉得结婚就是过日子，浪漫应该向柴米油盐举手投降。由于对婚姻的期望值不同，在同一个屋檐下开始耳鬓厮磨后，会因诸多杂事和细节产生摩擦。更不消说那些可能触及个体较深层次的差异，更是成了敏感的"雷区"，一经碰撞，就会引发剧烈的争执。很多争执并不会因为时间的流逝而渐渐消退，如果没有经过良好的沟通，很可能会酿成经久不息的纷争。

第三，沟通方式和讲话艺术的欠缺。有人以为这是一个小问题，觉得在自己家里，不用讲方式方法，不必掂量轻重缓急，有什么就说什么，想到哪里就说到哪里。明明说过了，还一再重复。陈谷子烂芝麻的事，随心所欲地唠唠叨叨……要知道这些都是如同盐酸一样的强腐蚀剂，长久下去，很可能会让婚姻演化到崩溃和破裂的边缘。

反观那些关系良好的夫妻，不是不存在争吵，而是在争吵中学会了如何面对差异。

第一，从了解自己的原生家庭入手，明了自己是个怎样的人。每个人受父母和原生家庭潜移默化的影响，远比我们想象的更多和更深远。每个人对婚姻的认识，都是从父母处学来，都打着深深的"原生家庭"烙印。可惜没有课堂专门传授这方面的知识，也没有老师会来为你梳理这些日积月累固定在你头脑中的看法。整理这些继承来的经验教训，找到其中的精华，剔除其中的糟粕，建立起自己的婚姻观和家庭规则，这是消弭争吵的一块必要基石。

第二，双方开诚布公地讨论彼此对于人生的目标和对婚姻的期待。很多时候人们的压力都来自目标的不明确。人们对婚姻可能有种种想法，人们常常以为对方理所当然地会体察自己，大家和谐相处，真实的情况却是事与愿违。其实，每个人都是一个独立的世界，发生争吵并不可怕，在良性发展的家庭中，争吵甚至是一种特殊的沟通方式。当然了，我们要学会比争吵更好的交流手段，促膝谈心之后，往往会发现差异其实并没有想象的那么大。大家都会同意：婚姻生活绝不是简单的"一起过日子"，还包含着许多更深层次的心理契合，比如支持、信任、爱与包容。这些高层次的情感源自夫妻双方对彼此共同点的赞成和欣赏，在共同的合作与行动中加深默契。面对差异时，不耐烦、惶恐或是退缩都是正常现象。但要想良好地解决差异，合作必不可少。

最后一条是，解决差异的核心法则是"求大同，存中异"。这世界上总有些矛盾不可调和，那些来自最根本价值观和世界观的差异，是单纯的沟通和交流所不能解决的。面临"大异"，夫妻多半只有离婚一条路可走，平和分手就是，也不必旷日持久地争吵。鸡毛蒜皮的"小异"，虽然可能一时间火光四溅，但不必紧张，随着彼此交流技巧的娴熟，也会因为爱与包容而自行解决。至于那些引发争吵的"中异"，需要更多的智慧和手法来化解，这是人们毕生的功课之一。

我很欣赏心理学家萨提亚的一句话：我们因相似而在一起，却因为差异而成长。家庭关系不仅需要共同欣赏彩虹般的温馨，也要有在暴风雨中化解差异的勇气。完美和谐的家庭，会因为差异的存在而变得更加美丽。

与成功对接的
那一小步

任何成瘾都是灾难

有个年轻人，名叫安澜。他说自己干什么都会成瘾。我要详细了解情况，就说："请打个比方。"他说："我上学的时候，就对网络成瘾。那时候，我每天起码有五个小时要挂在网上，网友遍布全世界。"

我插嘴道："全世界？真够广泛的。"

安澜说："是啊。人们都说上网对学习有影响，可那时我的英文水平突飞猛进。因为要和国外的网友聊天，你要是英文不利索，人家就不理你了。"

我说："一天五个小时，你还是学生，要保证正常的上课，哪里来的这么多时间啊？"

安澜说："很简单，压缩睡眠。我每天只睡五个小时。我有单独的房间，电脑就在床边。我每天做完作业后先睡下，四个小时之后，准时就醒了，一骨碌爬起来就上网，神不知鬼不觉的，到了天快亮的时候，再睡一小时回笼觉。爸爸妈妈叫我起床的时候，我正睡得香甜。很长时间，家里人看我白天萎靡不振的，都以为是上学累的，殊不知我的睡眠是个包子，外面包的皮是睡觉，里面裹的馅就是上网。"

我说："青少年正是长身体的时候，你这样睡眠不足，是要出大问题的。"

安澜说："还真让你说对了。后来，我就得了肾炎。因为不能久坐，我只好缩减了上网的时间，我休了学，急性期过了以后，医生建议我开始缓和的室外活动，慢慢地增加体力。我就到郊外或是公园散步。一个人在外面闲逛，就是风景再美丽，空气再新鲜，也有腻的时候。我爸说，要不给你买个照相机吧，一边走一边拍照，就不觉得烦了。家里先是给我买了个数码的傻瓜相机。果然，照相让人觉得时间过得很快，一只狗正在撒尿，一只猫正在龇牙咧嘴地向另外一只猫挑衅，都成了我的摄影素材。白天照了相，晚上就在电脑上回放，自己又开心一回。很快，这种简陋的卡片机，就不能满足我的愿望了。我开始让家里人给我买好的机子，买各式各样的镜头……把自己认为好的照片放大。城周围的景物照烦了，就到更远的地方去，我又迷上了旅游。后来我爸说，我这是豪华型患病，花在照相和旅游上的钱，比吃药贵多了。不管怎么样，我的病渐渐地好了。因为错过了高考，我就上了一所职业学校，学市场营销。毕业以后，我到了一家玩具公司。玩具这个东西，利润是很大的，只要你营销搞得好，按比例拿提成，收入很可观。这时候，因为时间有限，到远处旅游和照相，变得难以实现，我就迷上了请客吃饭……"

我虽然知道咨询师在这时应该保持足够的耐心倾听，还是不由自主地小声重复："迷上了请客吃饭？"

安澜说："是啊。我喜欢请客时那种向别人发出邀请，别人受宠若惊的感觉。喜欢挑选餐馆，拿着菜单一页页翻过时的那种运筹帷幄的感觉，好像点将台上的将军。尤其是喜欢最后结账时，一掷千金舍我其谁的豪爽感。"

我思忖着说："你为这些感觉付出的代价一定很高昂。"

安澜垂头丧气地说："谁说不是呢？去年年底，我拿到了七万块钱的奖励提成，结果还没过完春节，就都花完了。我可给北京的餐饮业做出了杰出的贡献。最近，我们又要发季度提成了，我真怕这笔钱到了我的手里，很快就'烟消灰灭'。而且，酒肉朋友们散去之后，我摸着空空的钱包，觉得非常孤单。可是下一次，我又会重蹈覆辙，不能自拔。我爸和我妈提议让我来看心理医生，说我这个人，爱上什么都没节制，很可怕。将来要是谈上女朋友也这样上瘾，今天一个明天一个，就变成流氓了。我自己也挺苦恼的，一个人，要是总这样管不住自己，也干不成大事啊。你能告诉我一个好方法吗？"

我说："安澜，我知道你现在很焦虑，好方法咱们来一起找找看。你能告诉我像上网啊，摄影啊，旅游啊，请人吃饭啊这些活动，带给你的最初的感觉是什么吗？"

安澜说："当然是快乐啦！"

我说："让咱们假设一下，如果在那个时候，来了位医生抽一点你的血，化验一下你的血液成分，你觉得会怎么样？"

安澜困惑地吐了一下舌头，说："估计很疼吧？结果是怎样的，就不知道了。"

我说："抽血有一点疼，不过很快就会过去。我以前当过很久的医生，对化验这方面有一点心得。当人们在快乐的时候，内分泌会有一种物质产生，叫作内啡肽。"

安澜很感兴趣说："你告诉我是哪几个字？"

我在一张纸上写下了"内啡肽"几个字。

安澜仔细端详着，说："这个'啡'字，就是咖啡的'啡'吗？"

我说："正是。咖啡也有一定的兴奋作用。"

安澜说："你的意思是说，每当我进入那些让我上瘾的活动的时候，我身体里都会分泌出内啡肽吗？"

我说："安澜，你很聪明，的确是这样的。内啡肽让我们有一种不知疲劳、忘却忧愁、精神焕发的感觉。这在短期内当然是很令人振奋的，但长久下去，身体就会吃不消。这就是很多上了网瘾的人，最后变成茶饭不思、精神萎靡不振、体重大减、面黄肌瘦的原因啊。而且，因为人上瘾时，对其他的事情不管不顾，考虑问题很不理性，就会出现严重的后果。这也就是你在请人吃完饭之后，精神十分空虚的症结。有的人工作成瘾，就成了工作狂；有的人盗窃成瘾，就成了罪犯；有的人飞车成瘾，就成了飙车一族；有的人权力成瘾，就成了独裁者……"

安澜说："这样看来，内啡肽是个很坏的东西了。"

我说："也不能这样一概而论。人体分泌出来的东西，都是有用的。比如当你跑马拉松的时候，只要冲过了身体那个拐点，因为体内开始有内啡肽的分泌，你就不觉得辛苦，反倒会有一种越跑越有劲的感觉。比如有的科学家埋头科学实验，为了整个人类的发展做出了卓越贡献，在那种非常艰难困苦的条件下能够坚持下来，他的内啡肽也功不可没啊！"

安澜说："听你这样一讲，我反倒有点糊涂了。"

我说："任何事情都要有节制。比如，温暖的火苗在严冬是个好东西，可要是把你放到火上烤，结果就很不妙。如果你不想变成烤羊肉串，就得赶快躲开。再有，在干燥的沙漠里，泉水是个好东西，但要是发了洪水，让人面临灭顶之灾，那就成了祸害。对于身体的内分泌激素，我们也要学会驾驭。这说起来很难，其实，我们一直在经受这种训练。比如你肚子饿了，经过一个烧饼摊，虽然烤得焦黄的烧饼让你垂涎欲滴，但是如果你没买下烧饼，你就不能抢上一个烧饼下肚。如果你看到一个美丽的姑娘，虽然你的性激素开始分泌，你也不能上去就拥抱人家。所以，学会控制自己的内啡肽，也是成长的必修课之一啊。"

听到这里，安澜若有所思地拿起那张纸，看了又看，说："这个内啡肽的啡字，和吗啡的啡字，也是同一个字。"

我说："安澜，你看得很细，说得也很正确。成瘾这件事，最可怕的是毒品成瘾。吗啡和内啡肽有着某种相似的结构，当有些人靠着毒品达到快乐的时候，他们就步入了一个深渊。这就更要提高警惕了。当然了，网瘾和毒品成瘾还是有一定的区别。不过，一个人要身体健康和心理健康，对所有那些可能令我们成瘾的事物，都要提高控制力，要有节制。"

那天结束的时候，安澜说："我记住了，任何成瘾都是灾难。"

藏獒与虎皮鹦鹉

　　一天，咨询室来了一位少女。相貌平平，身材中等，神气也很寡淡，没有热情，也没有强烈的拒绝或是好奇。她穿着一身混浊的白色纯棉衣服，带着很多口袋和皱褶，让人不由得想起一块微潮的抹布，既不可能很快燃烧，也拧不出水来。

　　陪同她来的是她的母亲，一位富态而考究的中年妇女。当着妈妈的面，这女孩是委顿和沉默的。妈妈被留在门外之后，她坐在沙发上，面孔始终向着窗户的方向，好像随时准备站起身来钻窗而去。

　　她说自己叫桑如，是被妈妈强逼着来看心理医生的。

　　我问她："你多大了？"（其实，我手旁就放着她的登记表，那上面写着她的年龄。但我愿意请她亲口再次说出自己的岁数，这样，有利于提醒她对自己负起责任。）

"我上高一，十六岁半了。"桑如回答说。

我点点头，说："对于一个十六岁的人来说，是可以自己决定要不要看心理医生的。如果你非常不愿意，我觉得你可以走了。至于你母亲那里，由我来和她解释。我会说，我们要尊重一个十六岁的青年人对自己的判断。如果她觉得自己不需要心理医生的帮助，自己完全可以解决问题，那很好。现在，如果你想离开，门在那边。"

这个建议的确不是我个人的心血来潮。在美国访问的时候，美方心理医生告诉我，对于十岁以上的少年，他们都会征询来访者的意见。如果该少年强烈地拒绝接受心理医生的辅导，便不会强迫他。这是很有道理的——心理医生是助人自助的工作，如果某人拒绝帮助，那么你就是有再大的热情，也是枉然。

桑如对我的回答，显得很意外，甚至有点不知所措。她反问道："这是真的吗？"

我说："当然是真的了。"

她愣了半天，好像对突然获得的自由，很有点不习惯，站起身来，又坐下了，说："如果你真让我决定，那我就不走了。

我觉得你和别的成年人不一样，居然让我自己做决定。"

我笑起来，说："你指的别的成年人，是谁呢？"

桑如用手指点点门外，说："比如说我的爸爸妈妈啊。他们不让我做这个，不让我做那个，什么都要听他们的。连我用的卫生巾买什么牌子，都得我妈妈说了算。真是太烦了！"

我深深地点点头，表示明白了她的心境。我说："谢谢你这样信任我。既然你愿意接纳我的咨询，那么，咱们今天要讨论什么问题呢？"

桑如说："我妈妈本来是想让我和你谈谈人际关系的事。我不愿意和别的同学交往，自己也很苦恼，我不知道如何和别人相处。可我今天不想谈这个问题，我希望你能帮我决定一下，到底养个什么宠物好。"说完，桑如充满期待地看着我。

现在，轮到我稍稍忐忑了。养宠物？这对我真是一个新问题，第一个念头是我也不是个兽医，怎么会知道哪种宠物好？好在我很快整理好了自己的思绪，捕捉到这个问题的核心——不在于桑如到底养一只什么样的宠物，而在于她为什么生出这个念头。

不过目前我不能走得太快，只能跟随在桑如后面。我说："好啊，我很愿意帮你出出主意。你打算养的宠物备选名单是什么？"

桑如一下子变得兴致勃勃，说："我最想养的是藏獒。"

我吓得差点没从沙发上跌落下来。我在西藏当过兵，见过这种凶悍无比的犬类。它们高大威猛，极端吃苦耐劳和忠于主人，为了保护羊群，甚至可以和群狼搏斗。藏獒当然是值得尊敬的，但面前这样一个清瘦女孩，要把藏獒当宠物养，恐怕并不相宜。

我说："藏獒需要很大的活动场地，属于旷野。再说它们是大型犬，城里不让养的。价钱也很贵，我记得看过一篇报道，一只好的藏獒要很多钱呢。"

桑如立刻说："那么，我养一只哈巴狗如何？"

藏獒和京巴，在性格上实在是南辕北辙，桑如居然这么快就改弦易辙，这让我对她养宠物的初衷产生了更大的纳闷。我说："你为什么又改养哈巴狗呢？"

桑如说："我喜欢藏獒的忠诚，但城里不让养，我也没办法。哈巴狗对人非常友善，而且，你让它干什么，它就干什么。

整天围着你的裤腿转，可会讨好人了。"

原来是这样！我说："哈巴狗倒是可以养的。只是，你会每天喂它吗？你每个星期给它洗澡吗？你愿意清扫它的狗窝，清理它的粪便吗？还有每天都要带着它到外面去撒欢，如果用行话来说，就是'遛狗'。狗还要按时打预防针，如果你的哈巴狗把你自己或是别人给咬伤了，就要马上到医院注射狂犬疫苗，并且不是一次就能完成，要好几次……"

桑如吓得吐了吐舌头，说："哟！这么复杂！"

我说："还有更多的事情等着你。如果它病了，你要抱着它到宠物诊所看病，如果它需要手术，你要守候在它身边……"

桑如听到这里，连连摆手说："天啊！这么麻烦！那我不养狗了，我改养一只猫，这就简单了吧？"

我说："恐怕也不像你想的那样简单。首先，猫像狗一样，也要大小便，这样你收拾它们排泄物的工作并不能免掉。猫也要洗澡，也要到外面去玩耍。它们在外面的时候，你不知道它们会捕获什么猎物，也许是虫子，也许是小鸟，这是猫的天性，你不能阻止它们，它们也许会带回来一些病菌。春天是猫繁殖的季节，它们会大声叫，如果你不想让它们叫，就要给猫做手术。而且，猫为了磨炼它们的爪子，一般都会撕纸，这也是它们的天性……"

桑如惊叫起来说："我的作业本！我的书！如果猫不管不顾地撕坏了它们，重写一遍吗？天哪，我不养猫了，我养一对小鹦鹉成不成呢？"

我说："当然可以啦！"

桑如说："我会训练让它们说话，有它们和我做伴，我就不会寂寞了。"

我心中一动，明白了症结就在这里，但此刻不是点破的好时机。顺着桑如的思路走，我说："是那种翠绿的虎皮鹦鹉吗？"

桑如说："对啊。就是有绿色蓝色黄色羽毛的小鹦鹉，好像穿着丝绸的外套，闪闪发光。"

我字斟句酌地说："鹦鹉的羽毛是需要经常打扫的，不然飘落在地上变成粉尘，很容易传播疾病。我记得有一种很著名的传染病，就叫'鹦鹉热'。另外，据我所知，这种花色灿烂的小鹦鹉并不会说话，会说话的那种叫作鹩哥。就算有个别极其聪明的小鹦鹉，你训练到它能说话了，估计也是非常简单的'你好'之类，并不如你想象的那样可以陪着聊天。就算最棒的鹦哥，能说的话也很有限，它们只是模仿，并不会动脑子。"

桑如生起气来，打断我的话说："你这也不让养，那也不让养，处处给我设障碍！"

我说："桑如，我并不是不让你养宠物，我没有这个权力。只是，我认为每一个预备养宠物的人，都要事先搞清楚宠物的脾气，知道它们的习性，觉得自己能够担当得起，再来和宠物相处。如果因为自己有很多问题解决不了，以为养了宠物就可以逃避现实，那不但是对自己不负责任，也是对宠物的不负责任。毕竟，人间的问题，只有在人间解决。"

桑如听了我的话，许久不作声，看得出非常沮丧。

我轻轻地问："桑如，能告诉我你为什么要养宠物吗？"

就这样一句普通的问话，却让桑如哭泣起来。她说："我太孤独了。同学们都不愿意和我玩，他们说我是一个没意思的人。我不知道如何跟人交往，就想，哼！你们不理我，我也不理你们，我要和小动物一起生活。只有它们不会嫌弃我，不会嘲笑我，会很忠于我。我让它们干什么，它们就会干什么，绝不会背后议论我……它们是多么安全可靠的朋友啊……"

原来，桑如想养宠物的初衷，是为了解决自己的人际关系问题。看来，桑如母亲的判断并没有出错，只是，桑如的母亲也许不知道，女儿的怯懦无趣，正是和母亲对桑如的过度保护有关。在母亲眼里，桑如永远是长不大的小女孩，一切都要由母亲做主。这一切，让桑如不曾学会如何同小伙伴们相处，到了青春逆反期，就越发孤独。桑如很苦恼，她要为自己寻找一个突破口，找到温暖与信任，找到安全与友爱，于是，她只有求助于宠物。

我全神贯注地倾听桑如的痛苦，听她断断续续地说被同学奚落和孤立……第一次的咨询时间很快就过去了。临走的时候，桑如怯生生地说："我下周还可以来看你吗？"

我说："当然可以了。不过，这要你自觉自愿，不要妈妈陪着。"

桑如破涕为笑说："当然是我自愿的。"

私下里，我同桑如的妈妈谈了一次。当然，我并没有把和桑如的具体谈话内容告诉她妈妈，只是希望桑妈妈能正视女儿已经十六岁了这个现实，该放手的时候就要大胆放手。桑妈妈答应了。

经过若干次的咨询以后，桑如渐渐灵动起来，她开始学会和同学们友好相处，甚至还准备了一些小笑话，打算在春游的时候讲给同学们听。咨询时，她说："我先试着把笑话讲给你听听，如果你笑了，我就敢对着同学们讲了。"

我认真地听完了桑如的笑话，开心地笑了。说实话，不是桑如的笑话有多么好笑，是我看到了她的成长，充满欢愉。

桑如后来说过一句让我长久不能忘怀的话，她说：其实人最好的宠物，就是自己。

倾听，是你的魅力

我读心理学博士方向课程的时候，书写作业，其中有一篇是研究"倾听"。刚开始我想，这还不容易啊，人有两耳，只要不是先天失聪，落草就能听见动静。夜半时分，人睡着了，眼睛闭着，耳轮没有开关，一有月落乌啼，人就猛然惊醒，想不倾听都做不到。再者，我做内科医生多年，每天都要无数次地听病人倾倒满腔苦水，鼓膜都起茧子了。所以，倾听对我应不是问题。

查了资料，认真思考，才知差距多多。在"倾听"这门功课上，许多人不及格。如果谈话的人没有我们的学识高，我们就会虚与委蛇地听。如果谈话的人冗长烦琐，我们就会不客气地打断叙述。如果谈话的人言不及义，我们会明显地露出厌倦的神色。如果谈话的人缺少真知灼见，我们会讽刺挖苦，令他难堪……凡此种种，我都无数次地表演过，至今一想起来，无地自容。

世上的人，天然就掌握了倾听艺术的，可说凤毛麟角。

不信，咱们来做一个试验。

你找一个好朋友，对他或她说，我现在同你讲我的心里话，你却不要认真听。你可以东张西望，你可以搔首弄姿，你也可以听音乐、梳头发干一切你忽然想到的小事，你也可以顾左右而言他……总之，你什么都可以做，就是不必听我说。

当你的朋友决定配合你以后，这个游戏就可以开始了。你必须拣一件撕肝裂胆的痛事来说，越动感情越好，切不可潦草敷衍。

好了，你说吧……

我猜你说不了多长时间，最多三分钟，就会鸣金收兵。无论如何你也说不下去了。面对着一个对你的疾苦、你的忧愁无动于衷的家伙，你再无兴趣敞开襟怀。不但你缄口了，而且你感到沮丧和愤怒。你觉得这个朋友愧对你的信任，太不够朋友。你决定以后和他渐疏渐远，你甚至怀疑认识这个人是不是一个错误……

你会说，不认真听别人讲话，会有这样严重的后果吗？我可以很负责地告诉你，正是如此。有很多我们丧失的机遇，有若干阴差阳错的信息，有不少失之交臂的朋友，甚至各奔东西的恋人，那绝缘的起因，都系我们不曾学会倾听。

好了，这个令人不愉快的游戏我们就做到这里。下面，我们来做一个令人愉快的活动。

还是你和你的朋友。这一次，是你的朋友向你诉说刻骨铭心的往事。请你身体前倾，请你目光和煦。你屏息关注着他的眼神，你随着他的情感冲浪而起伏。如果他高兴，你也报以会心的微笑。如果他悲哀，你便陪伴着垂下眼帘。如果他落泪了，你温柔地递上纸巾。如果他久久地沉默，你也和他缄口走过……

非常简单。当他说完了，游戏就结束了。你可以问问他，在你这样倾听他的过程中，他感到了什么。

我猜，你的朋友会告诉你，你给了他尊重，给了他关爱。给他的孤独以抚慰，给他的无望以曙光。给他的快乐加倍，使他的哀伤减半。你是他最好的朋友之一，他会记得和你一道度过的难忘时光。

这就是倾听的魔力。

倾听的"倾"字，我原以为就是表示身体向前斜着，用肢体动作表示关爱与注重。翻查字典，其实不然。或者说仅仅做这样的理解是不够全面的。倾听，就是"用尽力量去听"。这里的"倾"字，类乎倾巢出动，类乎倾箱倒箧，类乎倾国倾城，类乎倾盆大雨……总之殚精竭虑毫无保留。

可能有点夸张和矫枉过正，但倾听的重要性我认为必须提到相当的高度来认识，这是一个人心理是否健康的重要标志之一。人活在世上，说和听是两件要务。说，主要是表达自己的思想情感和意识，每一个说话的人都希望别人能够听到自己的声音。听，就是接收他人描述的内心想法，以达到沟通和交流的目的。听和说像是鲲鹏的两只翅膀，必须协调展开，才能直上九万里。

现代生活飞速地发展，人的一辈子，不再是蜷缩在一个小村或小镇，而是纵横驰骋漂洋过海。所接触的人，不再是几十一百，很可能成千上万。要在相对短暂的时间内，让别人听懂你的话，并且在两颗头脑之间产生碰撞，这就变成了心灵的艺术。

现今鼓励青年励志的书很多，教你怎样展现自我优点，怎样在第一时间给人一个好印象，怎样通过匪夷所思的面试，怎样追逐一见钟情的异性……都有不少绝招。有人就觉得人际交往是一个充满了技术的领域，靠掌握若干独门功夫就能翻云覆雨。其实，享有好的人际关系，学会交流，听比说更重要。

从人的发展顺序来看，我们是先学着听。我之所以用了"学着"这个词，是指如果没有系统的学习有的人可能终其一生，都没能学会如何"听"。他可以听到雪落的声音，可他感觉不到肃穆。他可以听到儿童的笑声，可他感受不到纯真。他可以听到旁人的哭泣，却体察不到他人的悲苦。他可以听到内心的呼唤，却不知怎样关爱灵魂。

从婴儿开始，我们就无意识地在听。听亲人的呼唤，听自然界的风雨，听远方的信息，听社会的约定俗成。这是一种模糊的天赋，是可以发扬光大也可以湮灭无闻的本能。有人练出了发达的听力，有人干脆闭目塞听。有很多描绘这种状态的词，比如"充耳不闻""置若罔闻"……对"闻"还有歧视性的偏见，比如"百闻不如一见"。

听是需要学习的。它比"说"更重要。如果我们没有听到有关的信息，我们的"说"就是无的放矢。轻率的人，容易下车伊始就哇里哇啦地说，其实沉着安静地听，是人生的大境界。

只有认真地听，你才能对周围有更确切的感知，才能对历史有更深刻的把握，才能把他人的智慧集于己身，才能拓展自己的眼界和胸怀。

读书是一种更广义的倾听。你借助文字，倾听已逝哲人的教诲。你借助翻译，得知远方异族的灵慧。

倾听使人生丰富多彩，你将不再囿于一己的狭隘贝壳，潜入浩瀚的深海。倾听使人谦虚，知道山外有山天外有天。倾听使人安宁，你知道了孤独和苦难并非只莅临你的屋檐。倾听使人警醒，你知道此时此刻有多少大脑飞速运转，有多少巧手翻飞不息。

倾听是美丽的。你因此发现世界是如此五彩缤纷。倾听是幸福的一种表达，因为你从此不再孤单。

倾听是分层次的。某人在特定的时刻，讲了特定的话，只有当我们心静如水，才能听到他的话后之话。年轻人最易犯的毛病是他明白所有倾听的要素，也懂得做出倾听的姿态，其实呢，他在想着自己待会儿要说的话。他关注的不是述说者，而是自己。"佯听"是很容易露馅的，只要他一开口讲话，神游天外的破绽就败露了。两个面对面述说的人，其实是最危险的敌人。一切都被心灵记录在案。

倾听是老老实实的活，来不得半点虚假和做作。倾听是对真诚直截了当的考验。所以，如果你不想倾听，那不是罪过。如果你伪装倾听，就不单是虚伪，而且是愚蠢了。

当我深刻地明白了倾听的本质而不是仅仅把它当成讨好的策略后，倾听就向我展示了它更加美丽的内涵，它无处不在，息息相关。如果你谦虚，以万物为师长，你会听到松涛海啸雪落冰融，你会听到蚂蚁的微笑和枫叶的叹息。如果你平等待人，你的耐心就有了坚实的基础，你可以从述说者那里获得宝贵的馈赠。这就是温暖的信任和支撑。

年轻的朋友们，让我们学会倾听吧。当你能够沉静地坐下来，目光清澄地注视着对方，抛弃自己的傲慢和虚荣，微微前倾你的身姿，那么你就能听到心与心碰撞的清脆声响，宛若风铃。

坦言：心灵的力量

在报上看到两个年轻人的故事。他们非常聪明，是很好的朋友，都有硕士学位，并且在证券业有骄人的成就。其中一位还获得过全国证券交易排行榜第五名。

他们可谓少年得志，面前也有辉煌的前景。受一位朋友的引荐，他们双双接受一家公司的委托，成为国债交易的操盘手。应该说，他们的工作很努力，三个月后，他们已经为公司净赚了二百万元。但是，公司一直未与他们签订聘用合同，也没有在提成方面有一个明确的分配。他们内心不平衡，甲就对乙说，咱们给公司赢了那么多，他们对我们也没有个交代，找个时间把国债做一下，给公司施加一点压力。

两个人策划之后，一个自以为得计的阴谋形成了。他们又找到了在武汉也是做操盘手的丙，让他准备一笔三千万元的款子，伺机而动。

约定的日子到了。他们的手法说复杂很复杂，不在其中的人，是绝不能操纵成功的。说简单也简单，就是甲和乙不按常理，在开盘集合竞价的时候，把一只头一天还报一百一十三元卖出的国债，共计四万手，按八十块钱卖出，企图让武汉的丙把它们买下来。最后给公司造成了四百万元的损失。

现在，这两位曾经才华横溢前程远大的青年，在铁窗内度着生涯。他们的一生将因此笼罩在巨大的阴影中。在牢狱中，他们叹息自己不懂法律，付出了惨痛的代价。也许法学家或是金融家能从这一案例当中分析出各种经验教训，在我看来，还有一个极为重要的方面不应被忽视。

这一重大案件的起因，就是甲和乙的心理不平衡。他们还不够有经验，在和公司合作伊始，就应把劳务合同和奖惩条例签好，这是他们的一个失误。有了失误可以挽回，他们本可以向公司方面坦陈自己的意见，来个亡羊补牢。可是，他们似乎根本就没有朝这个正确的方向努力，而是一步就迈向了法律所禁止的边缘，开始了犯罪的谋划。

我们常常听到这样的故事。一对年轻人，彼此都很有好感，可是谁都没有勇气表白自己的内心。于是无数的旁敲侧击，无数的委屈误会，无数试探和揣摩，窗户纸始终不能捅破。结果呢，清高占了上风，谁都等着对方说第一句话，最后不了了之。漫长岁月后，都已人到暮年，再次重逢袒露心迹，才知彼此的家庭都不幸福，后悔当年的迟疑。但现实是残酷的，逝去的青春不可能改写，只能存留永远的遗憾。

回想我们的经历，真是有太多时候，我们没有勇气将自己的真实想法和盘托出，我们一厢情愿期待着事件按照我们的想象向前发展。可惜这样的机遇总是十分稀少，不如意者十之八九。一旦失望，要么是退避躲让，要么是走向极端，却忘了一条最直接最简单的捷径，那就是——"坦言"。

其实那两位年轻的操盘手，在走马上任三个月后，认为没有得到相应待遇，心中愤愤，就可以直截了当地提出意见，争取自己的权益。如果公司方面答复不如意，也可以用更坚决更理智的方法，争取合法权益。可惜啊，他们舍近求远，他们弃易取难，甚至不惜用犯罪这样极端的手段，来达到一个原本正当的目的。

世上有多少痛苦和支离破碎，是因为双方的故弄玄虚？世上有多少悲剧，是因为误解和朦胧而发生？世间有多少罪恶，是因为隔膜和延宕而萌动？世上有多少流血和战争，是因为彼此的关闭和封锁而爆发？

坦言的"坦"字，在字典里的含义是"平"。把自己想要表达的意见，一马平川地说出来，不遮掩，不隐藏，不埋设地雷，不挖掘壕沟，不云山雾罩，也不神龙见首不见尾……清晰明白，心平气和，这是做人的基本功之一。

"坦言"常常被误认为是缺少城府涉世不深，其实这是一个天大的误会。在素以严谨著称的外交谈判中，坦率也是一个使用频率极高的词。越是面对分歧和隔阂，越需要开诚布公的坦言。

有人以为"坦言"是一个技术性的问题，以为掌握了若干讲话的小诀窍，就可游刃有余，其实"坦言"的基础是一个心理素养的问题。

首先，你要是一个襟怀坦荡敢于负责的人。它不是阿谀奉承的话，也不是人云亦云的话。它是你自我思考的结晶，它将透露你的真实想法，所包含的信息和观点，是你人格的体现。如果你畏葸不前，马首是瞻，那么，你无法坦言。

坦言说起来容易，真正做起来，那过程往往令人不安和焦灼。可能是一个集会或课堂的公开发言，也可能是和你的上司或师长的对谈，可能是面对心仪的异性的首次表白，也可能是因为我们的过失而道歉和忏悔……总之，坦言是一次精神和语言的冒险，其中蕴含着情感的未知和不可预测的反应。

然而，尽管困难重重，我们还是需要坦言。坦言是一种勇敢，因为你面对着世界，发出了独属你的声音。坦言是一种敢作敢当的尝试，因为你既不是权势的传声筒，也不是旁人的回音壁。无论你的声音多么微弱和幼稚，那都是属于你的喉咙，它昭显了你的独立和思索。

有人以为坦言是不安全的，藏藏掖掖才是老练。我要说，往往你以为最不保险的地方才是最安全的。社会节奏如此之快，你吞吞吐吐，别人怎能知晓你繁复的内心活动？如果说在节奏缓慢的农耕社会，人们还可以容忍剥茧抽丝的离题万里，那么在现代，坦言简直就是人生的必修课了。

有人以为坦言仅仅是嘴皮子上的功夫，其实不然。有人无法坦言，是因为他不知道自己究竟需要坚守怎样的观点。坦言是建筑在对自己和对社会的深切了解之上的。如果你反对，你就旗帜鲜明。如果你热爱，你就如火如荼。如果你坚持，你就矢志不渝。如果你选择，你就当机立断。

年轻人有一个容易犯的毛病，就是假装深沉。这个责任不在青年，而是我们民族的约定俗成中，不恰当地推崇少年老成。年轻的特点就是反应机敏、头脑灵活、快人快语。如果强作拖沓徐缓之状，那是对青春活力的不敬。说话不在缓急，而在其中是否蕴含真情，富有真知灼见。如果一个老年人言之无物，看他体弱健忘的分上，人们还能有几分谅解的话，年轻人的故作深沉，只能让人生出悲哀。老年人对于新生事物，难以避免倦怠，但一个年轻人，违背天性欲盖弥彰，那简直就是逃避和无能的同义词了。

坦言的核心是自信，是尊重自己也尊重他人。你值得我信任，所以我对你说真话。你可以拒绝我的意见，但不要轻视我的热情。我相信我自己是有价值的，所以我能够直率地面向这个世界。

学会坦言，会对人的一生产生重大影响。我看过很多应聘成功的例子，那骨子里很多是面对权威的坦言。坦言常常更快地显露你的人品和才华，显露你应变的能力、潜藏的能量。坦言是现代社会人际互动中极富建设性的策略，是一种建立良好情感环境的强大助力。

很多人在开始尝试坦言的时候，常易紧张和失态。如同一只刚刚出壳的小鸡，感到湿漉漉的寒冷。但是，你一定要坚持下去，你一定会渐渐地熟练。坦言之后，即使被心爱的异性拒绝，也比潜藏着愿望追悔一生要好。即使得罪了昏庸的上级，也比唯唯诺诺丧失了人格要好。因为坦言，我们把自己的弱点暴露在光天化日之下，就更有了改正和提升的动力。因为坦言，我们会结识更多肝胆相照的朋友，会获得更多打磨历练的机遇。

珍惜坦言。那是一种心灵力量的体现，我们的意志在坦言中锤打，变得坚强。我们的勇气在坦言中增强，变得坚定。我们的爱在坦言中经受风雨，变成养料。我们的友谊在坦言中纯粹，变得醇厚。

坦言会让我们失去面纱，得到赤裸裸的真实。世上有很多人是经受不起坦言的，一如雪人不能和春风会面。但是，这正说明了坦言的宝贵。从年轻就学会坦言，那就等于你获得了一棵益寿延年的心理灵芝。你可以在有限的时间内，得到更多行动和交流的自由。

轰毁你心中的魔床

魔鬼有张床。它守候在路边，把每一个过路的人，揪到它的魔床上。魔床的尺寸是现成的，路人的身体比魔床长，它就把那人的头或是脚锯下来；那人的个子矮小，魔鬼就把路人的脖子和肚子像拉面一样抻长……只有极少的人天生符合魔床的尺寸，不长不短地躺在魔床上，其余的人总要被魔鬼折磨，身心俱残。

一个女生向我诉说："我被甩了，心中苦痛万分。他是我的学长，曾每天都捧着我的脸说，你是天下最可爱的女孩。可说不爱就不爱了，做得那么绝，一去不回头。我是很理性的女孩，当他说我是天下最可爱的女孩的时候，我知道我姿色平平，担不起这份美誉，但我知道那是出自他的真心。那些话像火，我的耳朵还在风中发烫，人却大变了。我久久追在他后面，不是要赖着他，只是希望他拿出响当当硬邦邦的说法，给我一个交代，也给他自己一个交代。

"由于这个变故，我不再相信自己，也不相信他人。我怀疑我的智商，一定是自己的判断力出了问题。如此至亲至密，说翻脸就翻脸，让我还能信谁？"

女生叫萧凉，萧凉说到这里，眼泪把围巾的颜色一片片变深。失恋的故事，我已听过成百上千，每一次，不敢丝毫等闲视之。我知道有殷红的血从她心中坠落。

我对萧凉说："这问题对你，已不单单是失恋，而是最基本的信念被动摇了，所以你沮丧、孤独、自卑，还有莫名其妙的愤怒……"

萧凉说："对啊，他欠我太多的理由。"

我说："人是追求理由的动物。其实，所有的理由都来自我们心底的魔床，那就是我们对一些问题的看法和观念。它潜移默化地时刻评价着我们的言行和世界万物。相符了，就皆大欢喜，以为正确合理；不相符，就郁郁寡欢，怨天尤人。"

这种魔床，有一个最通俗最简单的名字，就叫作"应该"。

有的人心里摆得少些，有三个五个"应该"。有的人心里摆得多些，几十个上百个也说不准，如果能透视到他的内心，也许拥挤得像个卖床垫的家具城。

魔床上都刻着怎样的字呢？

萧凉的魔床上就写着"人应该是可爱的"。我知道很多女生特别喜欢这个"应该"。热恋中的情人，更是三句话不离"可爱"。这张魔床导致的直接后果，就是我们以为自己的存在价值，决定于他人的评价。如果别人觉得我们是可爱的，我们就欢欣鼓舞；如果什么人不爱我们了，就天地变色日月无光。很多失恋的青年，在这个问题上百思不得其解，苦苦搜索"给个理由先"。如果没有理由，你不能不爱我。如果你说的理由不能说服我，那么就只有一个理由，就是我已不再可爱，一定是我有了什么过错……很多失恋的男女青年，不是被失恋本身，而是被他们自己心底的魔床，锯得七零八落。残缺的自尊心在魔床之上火烧火燎，好像街头的羊肉串。

要说这张魔床的生产日期，实在是年代久远，也许生命有多少年，它就相伴了多少年。最初着手制造这张魔床的人，也许正是我们的父母。当我们还是婴儿的时候，那样弱小，只能全然依赖亲人的抚育。如果父母不喜欢我们、不照料我们，在我们小小的心里，无法思索这复杂的变化，最简单的方式，我们就以为是自己的过错，必是我们不够可爱，才惹来了嫌弃和疏远。特别是大人们的口头禅："你怎么这么不乖？如果你再这样，我就不喜欢你了……"凡此种种，都会在我们幼小的心底，留下深深的印记。那张可怕的魔床蓝图，就这样一笔笔地勾画出来了。

有人会说，啊，原来这"应该如何如何"的责任不在我，而在我的父母。其实，床是谁造的，这问题固然重要，但还不是最重要的。心理学家弗洛伊德说过，一个孩子，即使在最慈爱的父母那里长大，他的内心也会留有很多创伤。（大意。原谅我一时没有找到原文，但意思绝对不错。）我们长大之后，要搜索自己的内心，看看它藏有多少张这样的魔床，然后亲手将它轰毁。

一位男青年说，他很用功，成绩很好，可是却不善辞令，人多的场合，一说话就脸红。他用了很大的力量克服，奋勇竞选学生会的部长，结果惨遭败北。前景黑暗，这可不是个好兆头，看来他一生都会是失败者。于是，他变得落落寡合，自贬自怜，头发很长了也不梳理，邋遢着独来独往的，好似一个旧时的落魄文人。大家觉得他很怪，更少有人搭理他。

他内心的魔床就是：我应该是全能的。我不单要学习好，而且样样都要好。我每次都应该成功，否则就一蹶不振。挫折被放在这张魔床上翻身反复比量，自己把自己裁剪得七零八落。一次的失败就成了永远的颓势，局部的不完美就泛滥成了整体的否定。

一个不美丽的大学女生每天顾影自怜。上课不敢坐在阶梯教室的前排，心想老师一定只愿看到"养眼"的女孩。有个男生向她表示好感，她想我不美丽，他一定不是真心，如果我投入感情，肯定会被他欺骗，当作话柄流传。于是，她斩钉截铁地拒绝了他，以为这是决断和明智。找工作的时候，她的简历写得很好，屡屡被约见大面试，但每一次都铩羽而归。她以为是自己的服饰不够新潮、化妆不够到位，省吃俭用买了高级白领套装外带昂贵的化妆品，可惜还是屡遭淘汰……她耷拉着脸，嘴边已经出现了在饱经沧桑的失意女子脸上才可看到的像小括弧般的竖形皱纹。

如果允许我们走进她枯燥的内心，我想那里一定摆着一张逼仄的小床。床上写着："女孩应该倾国倾城。应该有白皙的皮肤，应该有挺秀的身躯，应该有玲珑的曲线，应该有精妙绝伦的五官……如果没有，她就注定得不到幸福，所有的努力都会白搭，就算碰巧有一个好的开头，也不会有好的结尾。如果有男生追求长相不漂亮的女孩，一定是个陷阱，背后必有狼子野心，切切不可上当……"

很容易推算，当一个人内心有了这样的暗示，她的面容是愁苦和畏惧的，她的举止是局促和紧张的，她的声音是怯懦和微弱的，她的眼神是低垂和飘忽的……她在情感和事业上成功的概率极低，到手的幸福不敢接纳，尚未到手的机遇不敢追求，她的整个形象都散射着这样的信息——我不美丽，所以，我不配有好运气!

讲完了黯淡的故事，擦拭了委屈的泪水，我希望她能找到那张魔床，用通红的火将它焚毁。

谁说不美丽的女子就没有幸福？谁说不美丽的女子就没有事业？谁说命运是个好色的登徒子？谁说天下的男子都是以貌取人的低能儿？

　　心中的魔床有大有小，有的甚至金光闪闪，颇有迷惑人的能量。我见过一家证券公司的老总，真是事业有成高大英俊，名牌大学洋文凭，还有志同道合的妻子，活泼聪颖的孩子……一句话，简直别人想有的他都有，可他寝食难安，内心的忧郁焦虑非凡人所能想象，不知是什么灼烤着他的内心。

　　"我总觉得这一切不长久。人无远虑，必有近忧。水至清则无鱼，谦受益满招损。我今天赚钱，日后可能赔钱。妻子可能背叛，孩子可能车祸。我也许会突患暴病，世界可能会地震火灾飓风，即使风调雨顺，也必会有人祸，比如'9·11'……我无法安心，恐惧追赶着我的脚后跟，惶恐将我包围。"他眉头紧皱着说。

　　我说："你极度不安全。你总在未雨绸缪，你总在防微杜渐。你觉得周围潜伏着很多危险，它们如同空气，看不见摸不到但却无所不在无所不能。"

他说："是啊。你说得不错。"

我说："在你内心，可有一张魔床？"

他说："什么魔床？我内心只有深不可测的恐惧。"

我说："那张魔床上写着：'人不应该有幸福，只应该有灾难。幸福是不真实的，只有灾难才是永恒。人不应该只生活在今天，明天和将来才是最重要的。'"

他连连说："正是这样。今天的一切都不足信，唯有对将来的忧患才是真实的。"

我说："每个人都有过去、现在和将来。对我们来讲，无论过去发生过什么，都已逝去；无论你对将来有多少设想，都还没有发生。我们活在当下。"

由于幼年的遭遇，他是个缺乏安全感的人。惊惧射杀了他对于幸福的感知和欣赏。只有销毁了那张魔床，他才能晒到金色的夕阳，听到妻儿的欢歌笑语，才能从容镇定地面对风云，即使风雨真的袭来，也依然轻裘缓带玉树临风。

说穿了，魔床并不可怕，当它不由分说就宰割你的意志和行为之时，面对残缺，我们只有悲楚绝望。但当我们撕去了魔床上的铭文，打碎了那些陈腐的"应该"，魔力就在一瞬间倒塌。魔床轰塌，代之以我们清新明朗的心态。

魔由心生。时时检点自己的心灵宝库，可以储藏勇气，可以储藏经验和教训，可以储藏期望和安慰，只是不要储藏"应该"。

分裂是一种双重标准

分裂是个可怕的词。一个国家分裂了，那就是战争。一个家庭分裂了，那就是离异。一个民族分裂了，那就是苦难。整体和局部分裂了，那就是残缺。原野分裂了，那就是地震。天空分裂了，那就是黑洞。目光分裂了，那是斜眼。思想和嘴巴分裂了，那就是精神病，俗称"疯子"。

早年我读医科的时候，见过某些精神病人发作时的惨烈景象，觉得"精神分裂症"这个词欠缺味道，还不够淋漓尽致入木三分。随着年龄的增长和阅历的丰富，这才知道"分裂"的厉害。

分裂在医学上有它特殊的定义，这里姑且不论。用通俗点的话说，就是在我们的心灵和身体里，存在着两个司令部。一个命令往东，一个命令往西或是往南，也可能往北。如同十字路口有多组红绿灯在发号施令，诸多车横冲直撞，大危机就随之出现了。

分裂耗竭我们的心理能量，使我们衰弱和混乱。有个小伙子，人很聪明敏感，表面上也很随和，从来不同别人发火。他个矮人黑，大家就给他起外号，雅的叫"白矮星"，简称"小白"；俗的叫"碌碡"，简称"老六"。由于他矮，很多同学见到他，就会不由自主地胡噜一下他的头发，叫一声"六儿"或是"小白"，他不恼，一概应承着，附送谦和的微笑，因而人缘很好。终于，有个外校的美丽女生，在一次校际联欢时，问过他的名字后，好奇地说："你并不姓白，大家为什么称你'小白'？"这一次，他面部抽搐，再也无法微笑了。女生又问他是不是在家排行第六，他什么也没说，猛转身离开了人声鼎沸的会场。第二天早上，在校园的一角发现了他的尸体。人们非常震惊，百思不得其解，有人以为是谋杀。在他留下的日记里，述说着被人嘲弄的苦闷，他写道：为什么别人的快乐要建立在我的痛苦之上？每当别人胡噜我头顶的时候，我都恨不得把他的爪子剁下来。可是，我不能，那是犯罪。要逃脱这耻辱的一幕，我只有到另一个世界去了……

大家后悔啊！曾经摸过他头顶的同学，把手指攥得出血，当初以为是亲昵的小动作，不想却在同学的心里刻下如此深重的创伤，直到绞杀了他的生命。悔恨之余，大家也非常诧异他从来没有公开表示过自己的愤怒。哪怕是只有一次，很多人也会尊重他的感受，收回自己的轻率和随意。

这个同学表面上豁达，内心悲苦，就是一个典型的分裂状态。如果你不喜欢这类玩笑和戏耍，完全可以正面表达你的感受。我相信，绝大多数的人会郑重对待，改变做法。当然，可能部分人会恶作剧地坚持，但你如果强烈反抗，相信他们也要有所收敛。那些忍辱负重的微笑，如同错误的路标，让同学百无禁忌，终酿成惨剧。

如果你愤怒，你就呐喊；如果你哀伤，你就哭泣；如果你热爱，你就表达；如果你喜欢，你就追求。

如果你愤怒，却佯作欢颜，那不但是分裂，而且是对自己的污损；如果你热爱，却反倒逃避，那不但是分裂，而且是丧失勇气；如果你喜欢，却装出厌烦，那不但是分裂，而且是懦弱和愚蠢……

　　所有的分裂都是要付出代价的。轻的是那稍纵即逝的机遇，一去不复返。重的就像刚才说到的那位朋友，押上了宝贵的生命。最漫长而隐蔽的损害，也许是你一生郁郁寡欢沉闷萧索，每一天都在迷惘中度过，却始终不知道这是为什么。

　　一位女生，与我谈起她的初恋。其实恋爱是一个古老的话题，地球上曾经生活过的几百亿人都曾遭逢。但每一个年轻人，都以为自己的挫败独一无二。女生说她来自小地方，为了表示自己的先锋和前卫，在男友的一再强求下，和他同居了。后来，男友有了新欢抛弃了她。极端的忧虑和愤恨之下，女生预备从化工商店买一瓶硫酸。

　　"你要干什么？"我说。

　　"他取走了我最珍贵的东西，我要把他的脸变成蜂窝。"该女生布满红丝的眼睛，有一种母豹的绝望。

　　我说："最珍贵的东西，怎么就弄丢了？"

　　女生语塞了，说："我本不愿给的，怕他说我古板不开放，就……"

我说："既然你要做一个先锋女性，据我所知，这样的女性对无爱的男友，通常并不选择毁容。"

女生说："可我忍不了。"

我说："这就是你矛盾的地方了。你既然无比珍爱某样东西，就要千万守好，深挖洞，广积粮，藏之深山。不要被花言巧语迷惑，假手他人保管。你骨子里是个传统的女孩，你须尊重自己的选择。如果真要找悲剧的源头，我觉得你和男友在价值观上有所不同。你在同居的时候崇尚'解放'，蔑视传统的规则。你在被遗弃的时候，又祭起了古老的道德。我在这里不做价值评判，只想指出你的分裂状态。你要毁他容颜，为一个不爱你的人，去违犯法律伤及生命，这又进入一个可怕的分裂状态了。人们认为恋爱只和激情有关，其实它和我们每个人的历史相连。爱情并不神秘，每个人背负着自己的世界观走向另一个人。"

世上也许没有绝对的对和错，但有协调和混乱之分，有统一和分裂的区别。放眼看去，在我们周围，有多少不和谐不统一的情形，在蚕食着我们的环境和心灵。

我们的身体，埋藏着无数灵敏的窃听器，在日夜倾听着心灵的对话。如果你生性真诚，却要言不由衷地说假话，天长日久，情绪就会蒙上铁锈般的灰尘。如果你不喜欢一项工作，却为金钱和物质埋首其中，你的腰会酸，你的胃会痛，你会了无生活的乐趣，变成一架长着眼睛的机器。如果你热爱大自然，却被幽闭在汽油和水泥构筑的城堡中，你会渐渐惆怅枯萎，被榨干了活泼的汁液，压缩成个标本。如果你没有相濡以沫的情感，与伴侣漠然相对，还要在人前做举案齐眉、恩爱夫妻状，那你会失眠会神经衰弱会得癌症……

这就是分裂的罪行。当你用分裂掩盖了真相，呈现出泡沫的虚假繁荣之时，你的心在暗中哭泣。被挤压的愁绪像燃烧的灰烬，无声地蔓延火蛇。将来的某一个瞬间，嘭地燃放烈焰，野火四处舔舐，烧穿千疮百孔的内心。

分裂是种双重标准。有人以为我们的心很大，可以容得下千山万水。不错，当我们目标坚定人格统一的时候，的确是这样。但当我们为自己设下了相左的方向，那相互抵消的劲道就会撕扯我们的心，让它皱缩成团，局促逼仄窒息难耐。

人是很奇怪的动物。如果你处在分裂的状态，你又要掩饰它，你就不由自主地虚伪。我听一位年轻的白领小姐说，她的主管无论在学识和人品上，都无法让她敬佩，可人在矮檐下，不得不低头。她怕主管发现了自己的腹诽，就格外地巴结讨好甚至谄媚，结果虽然如愿以偿加了薪，可她不快乐不开心。

我说："你可以只对她表示职务上、工作上的服从和尊重，而不臧否她的人品。"

白领小姐说："我怕她不喜欢我。"

我说："那你喜欢她吗？"

白领小姐很快回答："我永远不会喜欢她。"

我说："其实，我们由于种种的原因，不喜欢某些人，是完全正常的事情。不喜欢并不等于不能合作。如果你和你所不喜欢的上司，只保持单纯而正常的工作关系，这就是统一。但要强求如沐春风亲密无间，这就是分裂，它必然带来情绪的困扰和行动的无所适从，其结果，估计你的主管也不是个愚蠢女人，她会察觉出你的口是心非。"

白领小姐苦笑说："她已经这样背后评价我了。"

分裂的实质常常是不能自我接纳。我们压抑自己的真实感受，以为它是不正当不光彩的，我们用一种外在的标准修正自己的心境和行为。这其实是一种自我欺骗，委屈了自己也不能坦然对人。

有人说，找工作时，我想到这个单位，又想到那个机构，拿不定主意。要是能把两个单位的优点都集中到一起，就比较容易选择了。

有人说，找对象时，我想选定这个人，又想到那个人也不错。要是能把两个人的长处都放在一个人身上，那就很容易下定决心了。

当我们举棋不定的时候，通常就是一种分裂状态。你想把现实的一部分像积木一样拆下来，和另一部分现实组装起来，成为一个虚拟的世界。

这是对真实一厢情愿的阉割。生活就是泥沙俱下，就是鲜花和荆棘并存。尊重生活的本来面目，接受一个完整统一的真实世界，由此决定自己矢志不渝的目标，也许是应对分裂的法宝之一。

有一种笑，令人心碎

做心理医生，看到过无数来访者。一天有人问道："在你的经历中，最让你为难的是怎样的来访者？"说实话，我还真没想过这个问题，他这一问，倒让我久久地愣着，不知怎样回答。

后来细细地想，要说最让我心痛的来访者，不是痛失亲人的哀号，或是奇耻大辱的啸叫，而是脸挂无声无息微笑的苦人。

有人说，微笑有什么不好？不是到处都在提倡微笑服务吗？不是说微笑是成功的名片吗？最不济也是笑比哭好啊。

比如一个身穿黑衣的女孩对我说："你知道我的外号是什么吗？我叫开心果。我是所有人的开心果。只要我周围的人有了什么烦心事，他们就会找到我，我听他们说话，想方设法地逗着大家快乐，给他们安慰。可是，我不欢喜的时候，却找不到一个人理我了。周围一片灰暗，我只有一个人躲在被窝里哭……"

我听着她的话，心中非常伤感，但她脸上的表情却让我百思不得其解。那是不折不扣的笑容，纯真善良，几乎可以说是无忧无虑的。连我这双饱经风霜的老眼，也看不出有什么痛楚的痕迹。她的脸和她的心，好像是两幅不同的拼图，展示着截然相反的信息，让人惊讶和迷惑，不知该主哪一面。

我说："听了你的话，我很难过。可看你的脸，我察觉不出你的哀伤。"她下意识地摸摸自己的脸说："咦，我的脸怎么啦？很普通啊。我平时都是这样的。"

于是我在瞬间明了了她的困境。她的脸上的笑容是她的敌人，把错误的信息传达给了别人。当她需要别人帮助的时候，她的脸她的笑容在说着相反的话——我很好，不必管我。

有一个男子，说他和自己的妻子青梅竹马，说他以妻子的名字起了证照，办起了自家的公司。几年打拼，积聚下了第一桶金。小鸟依人的妻子身体不好，丈夫说："你从此就在家里享福吧，我有能力养你了。你现在已经可以吃最好的伙食和最好的药，等我以后发展得更好了，你还可以戴着最好的首饰去看世界上最好的风景。再以后，你也会住上最好的房子……"
他为妻子描画出美好的远景之后，就雷厉风行地赚钱去了。有
一天他风尘仆仆地回到家中，妻子不在屋中。他遍寻不到，焦
急当中，邻居小声说："你不是还有一套房子吗？"他说："不，
我没有另外的房子。"邻居锲而不舍地说："你有。你还有一
套房子。我们都知道，你怎么能假装不知道？"男子想了想说：
"哦，是了，我还有一套房子。你能把我带到那套房子去吗？"
邻居说："一个人怎么能忙得把自己的房子在哪里都忘了呢？
它不是在××路××号吗？"邻居说完就急忙闪开了，不想
听他道谢的话。男子走到了那个门牌，看到了自己最要好的朋
友的车就停在门前。他按响了门铃，却没有人应答。

　　这是一栋独立的别墅，时间正是上午十点。男子找了一个
合适的角度，可以用眼睛的余光罩住别墅所有的出口和窗户。
然后他点燃一支烟，狠狠地抽了半天，才发现根本就没有点燃。
他就这样一支接一支地抽下去，直到太阳升到正午，还是没有
见到任何动静。他面无表情地等待着，知道在这所别墅的某个
角落里，有两双目光偷窥着自己。到了下午，他还如蜡像一般

纹丝不动。傍晚时分，门终于打开了，他的朋友走了出来。他迎了上去，在他还没有开口的时候，那个男人说："算你有种，等到了现在。你既然什么都知道了，你要怎么办，我奉陪就是了。"说着，那个男人钻进车子，飞一样地逃走了。丈夫继续等着，等着他的妻子走出门来。但是，直到半夜三更，那个女人就是不出来。后来，丈夫怕妻子出了什么意外，就走进别墅。他以为那个懦弱负疚的妻子会长跪在门廊里落泪不止，他预备着原谅她。但他看到的是盛装的妻子端坐在沙发里等他，说："你怎么才来？我都等急了。我告诉你，你听不到你想听的话，但你能想出来的所有的事情都发生了，你爱怎么办就怎么办吧，我们等着你……"说完这些话，那个女人就袅袅婷婷地走出去了，把一股陌生的香气留给了他。他说，那天他把房间里能找到的烟都吸完了，地上堆积的烟灰会让人以为这里曾经发生过火灾。

　　我听过很多背叛和遗弃的故事，这一个就其复杂和惨烈的程度来说，并不是太复杂。之所以印象深刻，是这位丈夫在整个讲述过程中的表情——他一直在微笑。不是任何意义上的苦笑，而是真正的微笑。这种由衷的笑容让我几乎毛骨悚然了。

我说："你很震惊很气愤很悲伤很绝望，是不是？"

他微笑着说："是。"

我恼怒起来，不是对那双偷情的男女，而是对面前这被污辱和损害的丈夫。我说："那你为什么还要笑？！"

他愣了愣，总算暂时收起了他那颠扑不破的笑容，委屈地说："我没有笑。"

我更火了，明明是在笑，却说自己没有笑，难道是我老眼昏花或是神经错乱了吗？我急切地四处睃巡，他很善意地说："你在找什么？我来帮助你找。"

我说："你坐着别动，对对，就这样，一动也不要动。我要找一面镜子，让你看看自己是不是无时无刻不在笑！"

他吃惊地托住自己的脸，好像牙疼地说："笑难道不好吗？"

我没有找到镜子。我和那男子缓缓地谈了很多话，他告诉我，因为母亲是残疾人，父亲在他出生后不久就把他们母子抛弃了。母亲带着他改嫁了一个傻子，那是一个大家族。他从小就寄人篱下。无论谁都可以欺负他。出了任何事，无论是谁摔碎的碗打烂的暖瓶，无论他是否在场，都说他干的，他也不能还嘴。

他苦着脸，大家就说他是个丧门星。说给了他饭吃，他起码要给个笑脸。为了要少挨打，他开始学着笑。对着小河的水面笑，小河被他的泪水打出一串旋涡。对着破碎的坛子里积攒的雨水练习笑容，那笑容把雨水中的蚊子都惊跑了。他练出了无时无刻不在微笑的脸庞，渐渐地，这种笑容成了面具。

这个故事让我深深地发现了自己的浅薄。微笑，有时不是欢乐，而是痛苦到了极致的无奈。微笑，有时不是喜悦，而是生存下去的伪装。深刻检讨之下，我想到了一个词形容这种状况，叫作"佯笑"。

佯攻是为了战略的需要，佯动是为了迷惑敌人，佯哭是为了获取同情，佯笑是为了什么呢？当我探求的时候，发现在我们周围浮动着那么多的佯笑。如果佯笑是出现在一位中年以上的人脸上，我还比较能理解，因为生活和历史给了他们太多的苍凉，但我惊奇地看到很多年轻人也被佯笑的面具所俘获，你看不到他真实的心境。

其实，这不是佯笑者的错，但需要佯笑者来改变。我想，每一个婴儿出生之后，都会放声啼哭和由衷地微笑，那时候，他们是纯真和简单的，不会伪装自己的情感。由于成长过程中种种的不如意，孩子们被迫学会了迎合和讨好。他们知道，当自己微笑的时候，比较能讨到大人的欢心，如果你表达了委屈和愤怒，也许会招致更多的责怪。特别是那些在不稳定不幸福的家庭中长大的孩子，他们幼小的大脑，还无法分辨哪些是自己的责任哪些不过是成人的迁怒。孩子总善良地以为是自己的错，是自己惹得大人不高兴了。由于弱小，孩子觉得自己有义务让大人高兴，于是开始练习佯笑。久而久之，佯笑几乎成了某些孩子的本能。所以，佯笑也不是一无是处，它可掩饰弱小者的真实的情感，在某些时候为主人赢得片刻安宁。

可是佯笑带来的损伤和侵害，却是潜在和长久的。你把自己永远钉在了弱者的地位，不由自主地仰人鼻息。在该愤怒的时候，你无法拍案而起。在该坚持的时候，你无法固守原则。在合理退让的时候，你表现了谄媚。在该意气风发的时候，你难以潇洒自如……还可以举出很多。当很多年轻人以为自己的风度和气质是一个技术操作性的问题之时，其实背后是一个顽固的心结。那就是你能否流露自己的真实情感。

我们常常羡慕有些人那么轻松自在和收放自如，我们不知道怎样获得这样的自由。最简单的方法就是全面地接受自己的情绪，做一个率真的人，学会和自己的心灵对话。你不可要求自己的脸上总是阳光灿烂。你不能掩盖和粉饰心情，你必须承认矛盾和痛楚。只有这样，我们才是真正驾驭自己的主人。

回到那位被背叛的男子，当他终于收起了微笑，开始抽泣的时候，我觉得这是他的大进步、大成长。他的眼泪比他的笑容更显示坚强。当他和自己的内心有了深刻的接触之后，新的力量和勇气也就油然而生了。

现代商战把微笑也变成了商品，我以为这是对人类情感的大不敬。微笑不是一种技巧，而是心灵自发的舞蹈。我喜欢微笑，但那必须是内心温泉喷涌出的绚烂水滴，而不是靠机器挤压出的呻吟。

请你不要佯笑。那样的笑容令人心碎。

有意义的快乐
就是幸福

分泌幸福的"内吗啡"

　　我曾看过一则新闻：英国有家报社，向社会有奖征答"谁是最幸福的人"，然后排出第一种最幸福的人，是一个妈妈给孩子洗完澡、怀抱着婴儿；第二种最幸福的人，是一个医生治好了病人并目送他远去；第三种最幸福的人，是一个孩子在海滩上筑起了沙堡；备选答案是，一个作家写完了著作的最后一个字，放下笔的那一瞬间。

　　看完这则不很引人注目的报道，那一瞬间，我真的像被子弹打中一样，感到极度震惊——这四种状况都曾集于我一身，但是，我没有感觉到幸福！

　　我为什么没有幸福感？有了这个问号后，我就去观察周围的人，这才发现，有幸福感的人是如此之少。有一年，我拿出贺卡看了看，结果发现最多的是"祝你幸福"，这可能是中国人的集体无意识，所以才会觉得是永远的吉祥话。

可是，幸福的本质是什么东西呢？

日本春山茂雄博士《脑内革命》一书说，当我们感知幸福的时候，其实是生理在分泌一种内吗啡，即幸福感是体内内吗啡的分泌。从罂粟里提炼的吗啡是毒品，它的魔力正是在于它的分子结构模拟了生理基础上的内吗啡，让你体验到一种伪装的、模拟的快乐。当你觉得真正快乐的时候，例如接到大学录取通知书时，如果去抽血查验体内的生化水平，你的内吗啡水平是增高的。

据春山茂雄研究，人体内吗啡的分泌，和马斯洛"需要层次"的金字塔理论惊人吻合：吃饭能带来愉悦，人在生理基础上是快乐的；然后，在满足安全、爱和尊严的需要的过程中，伴随着更大量内吗啡的分泌，让你感知自己的幸福；最重要的是，当你完成自我实现的时候，内吗啡就到达非常高的水平，远远超出吃饭带来的幸福感。

这种生理和心理的结合，使我觉得，能够体验到幸福感，是一个需要训练、感知且不断提高的过程，因为幸福不是与生俱来的。

我觉得世界上的幸福，首先来自一个坚定的信念。

我常去高校和大学生交流，给我最多的感觉是，他们面临一个非常重要的问题——人生观的确立和价值观的走向，即人为什么活着。

经常有媒体采访我的心理咨询中心，最喜欢提的问题是："咨询最多的问题是什么？"我说，心理咨询室这张米黄色的沙发如若有知，一定会一次次地听到来访者在问："我为什么活着？"我觉得人是追索意义的动物，尤其是年轻人，都曾经无数次地叩问过这个问题。

以前，我们喜欢用灌输式的方法，从小将主义、理想或目标灌输给孩子，希望能够在他心中扎下根，成为他一生的坐标。可我现在发现，一个人的目标，一定需要他自己经过艰苦的摸索，然后在心理结构里确立下来，否则，无论我们多么用心良苦、谆谆教导，它真的只是一个外部的东西。

其实，每个人都早早地确立了一生的目标，因为它原本已存在于你的内心：从童年经验开始，你所热爱、尊敬、向往、要为之奋斗的东西，其实早已植根于心里，只不过被许多世俗的东西、繁杂的外界所影响，甚至被遮蔽了。当一个人开始有意识地关注自己的心理健康，那是在清理他的心理结构，然后明白心中起最主要作用的架构和体系。

我曾在一所非常好的大学做讲座，台下有学生递条子说："毕老师，我想问问你，我年轻貌美，又有这么好的大学文凭，要是不找一个大款把自己嫁了，我是不是浪费了资源？"我想，在大学生寻找目标的迷茫过程中，能够有这种朋友式的探讨，是特别重要的。

另外，我觉得自我形象的定位，是幸福感来源非常重要的一部分。

在大学生自我形象的构建里，有一部分是他们的"出身"（阶层）：他们从各种阶层突然聚合到一起，大学虽是个相对小的、封闭的环境，却也是整个社会的缩影，因此，如何看待自己不可选择的出身阶层，这是自我形象非常重要的部分；另外一部分是他们的学业，包括学习的能力、智商的能力、人际交往的能力等，可归为自己奋斗来的部分。

然而，还有特别重要的一部分，就是外在条件——长相。

我曾在一所大学做关于自我形象、自我认知的讲座，请台下的学生回答：你们有谁曾经为自己的长相自卑？结果齐刷刷地举手——所有的人都自卑！

我当时一下子不知该如何反应：没料到当代年轻人在相貌问题上，居然有如此大的压力。

后来，我悄悄问一位女生，问她为自己相貌的哪一点自卑，我实在找不着——她身材窈窕、黑发如瀑、明眸皓齿、肤如凝脂，真的是美女。

她说："我有一颗牙齿长得不好看。"

我说："哪颗牙齿？"

她说："第六颗牙齿。"

我说："谢谢你告诉我，否则站在对面看你一百年，我也看不见你那颗牙齿不好。"

她说："你不知道，可是我知道。我不敢笑，从来都是抿着嘴只露出两颗牙齿。同学都说我多'冷'、多高傲，其实，我只是怕人看到第六颗牙齿。男生追求我的时候，我就想，我一颗牙齿不好他还追求我，肯定是别有用心，于是放弃了好几个条件很好的男生。"

我觉得，当一个人不能接纳自己，不能和自己友好地相处的时候，他就不能和别人友好地相处。因为，他对自己都那么百般挑剔、那样苛刻，又怎能和别人有真诚的、良好的沟通与关系？

其实，我挺欣赏基督教里的说法：接受你不可改变的那一部分。我们可以列一列，像出身的阶层、长相及生理缺陷，这些是我们不可改变的，而我们能够去修炼、弥补和提高的，就是我们可改变的那一部分。

面对一个我们不可改变的东西，该如何对待它，每个人的答案是不一样的，而这个不一样的答案，却可能深刻地影响我们的一生。比如，一个人认为他丑，就认定自己完全不会幸福了，觉得他既然这么丑，有什么权利得到幸福？一个人说他很贫寒，为什么别人可以含着金汤匙出生，而他却含着草根出生？

面对种种不平等，我常跟年轻人说，不平等是社会有机的一部分，而让它变得更为平等，是你义不容辞的责任之一。

首先，你要丢掉幻想，坦然接纳不公平、巨大的差异或先天不良。然后，对于自己可改变的部分，你就要细细地分析，找出自己的优缺点，是优点就让它更好，是缺点就要去弥补，尤其要突出优点，把自己光彩照人的方面表达出来。因为中国文化特别容易告诉你哪里不行，生怕你忘了自己的缺点，而你有什么优点，告诉你的人可不太多，所以要坦然接受自己的优点，将它发扬光大。

心理咨询中心来过一位留英硕士，月薪十二万元，可他将自己说得一无是处，弄得我都心酸。我才知道，一个人接不接纳自己，其实不在于外在的条件，也不在于世俗的评判标准，而完全在于他内心框架的衡量。

我通常咨询完了不会给谁留作业，但那天我说："我给你留个作业：下星期来见我之前，你要写出自己的十五条优点。"

他快晕过去了，说："我怎么能找到十五条优点呢？至多也就找出一两条。这个世界上，可能只有你相信我还有优点，我父母就不相信我有优点，所有人都不相信我有优点！"

我说："你老板起码相信你有优点吧，否则怎会出月薪十二万元雇你？"

他突然在这个事实面前愣了半天，然后说："噢，那我试试看。"

所以我觉得，应该去认识自己的长处，将它发扬光大，去接纳那些不可改变的东西。当你能够坦然地面对自己的时候，其实也就可以坦然地面对世界——放下包袱后，你才可以轻装前进。

费尔巴哈说过，你的第一责任是使你自己幸福。你自己幸福了，你也就能使别人幸福，因为，幸福的人愿意在自己周围只看到幸福的人。

常常听到有人说，他不幸福，希望别人给他幸福。我想，这就是他不幸福的根源。

你为什么而活着

　　我有过若干次讲演的经历，在北大和清华，在军营和监狱，在农村干坯搭建的课堂和美国最奢华的私立学校……面对从医学博士到纽约贫民窟的孩子等各色人群，我都会很直率地谈出对问题的想法。在我的记忆中，有一次经历非常难忘。

　　那是一所很有名望的大学，约过我好几次了，说学生们期待和我进行讨论。我一直推辞，我从骨子里不喜欢演说。每逢答应一桩这样的公差，就要莫名其妙地紧张好几天。但学校方面很执着，在第 N 次邀请的时候说，该校的学生思想之活跃甚至超过了北大，会对演讲者提出极为尖锐的问题，常常让人下不了台，有时演讲者简直是灰溜溜地离开学校。

　　听他们这样一讲，我的好奇心就被激发起来，我说，我愿意接受挑战。于是，我们就商定了一个日子。

那天，大学的礼堂挤得满满的，当我穿过密密的人群走向讲台的时候，心里涌起怪异的感觉，好像是"文革"期间的批斗会场，不知道今天将有怎样的场面出现。果然，从我一开始讲话，就不断地有条子递上来，不一会儿，就在手边积成了厚厚一堆，好像深秋时节被清洁工扫起的落叶。我一边讲课，一边充满了猜测，不知道树叶中潜伏着怎样的思想炸弹。讲演告一段落，进入回答问题阶段，我迫不及待地打开了堆积如山的纸条，一张张阅读。那一瞬，台下变得死寂，偌大的礼堂仿若空无一人。

我看完了纸条说："有一些表扬我的话，我就不念了。除此之外，纸条上提得最多的问题是——人生有什么意义？请你务必说真话，因为我们已经听过太多言不由衷的假话了。"

我念完这个纸条以后，台下响起了掌声。我说："你们今天提出这个问题很好，我会讲真话。我在西藏阿里的雪山之上，面对着浩瀚的苍穹、壁立的冰川，如同一个茹毛饮血的原始人，反复地思索过这个问题。我相信，一个人在他年轻的时候，是会无数次地叩问自己的——我的一生，到底要追索怎样的意义？

"我想了无数个晚上和白天，终于得到了一个答案。今天，在这里，我将非常负责地对大家说，我思索的结果是：人生是没有任何意义的！"

　　这句话说完，全场出现了短暂的寂静，如同旷野。但是，紧接着就响起了暴风雨般的掌声。

　　那是我在讲演中获得的最热烈的掌声。在以前，我从来不相信有什么"暴风雨"般的掌声这种话，觉得那只是一个拙劣的比喻。但这一次，我相信了。我赶快用手做了一个"暂停"的手势，但掌声还是绵延了若干时间。

　　我说："大家先不要忙着给我鼓掌，我的话还没有说完。我说人生是没有意义的，这不错，但是——我们每一个人要为自己确立一个意义！"

　　是的，关于人生的意义的讨论，充斥在我们的周围。很多说法，由于熟悉和重复，已让我们从熟视无睹滑到了厌烦。可是，这不是问题的真谛。真谛是，别人强加给你的意义，无论它多么正确，如果它不曾进入你的心理结构，它就永远是身外之物。比如我们从小就被家长灌输过人生意义的答案。在此后漫长的岁月里，谆谆告诫的老师和各种类型的教育，也都不断地向我们批发人生意义的补充版。但是，有多少人把这种外在的框架当成了自己内在的标杆，并为之下定了奋斗终生的决心？

那一天结束讲演之后，我听到有同学说，他觉得最大的收获是听到有一个活生生的中年人亲口说，人生是没有意义的，你要为之确立一个意义。

其实，不单是中国的青年人在目标这个问题上飘忽不定，就是在美国著名学府哈佛大学，也有很多人无法在青年时代就确立自己的目标。我看到一则材料，说某年哈佛的毕业生临出校门的时候，校方对他们做了一个有关人生目标的调查，结果是百分之二十七的人，完全没有目标；百分之六十的人目标模糊；百分之十的人有近期目标；只有百分之三的人有着清晰而长远的目标。

二十五年过去了，那百分之三的人不懈地朝着一个目标坚韧努力，成了社会的精英，而其余的人，成就要相差很多。

我之所以提到这个例子，是想说明在人生目标的确立上，无论中国还是外国的青年，都遭遇到了相当大程度的朦胧或是混沌状态。有人会说，是啊，那又怎么样？我可以一边慢慢成长，一边寻找自己的人生意义啊。我平日也碰到很多青年朋友，诉说他们的种种苦难。我在耐心地听完那些折磨他们的烦心事之后，把他们乞求帮助的目光撇在一旁，我会问，你的人生目标是什么呢？

他们通常会很吃惊，好像怀疑我是否听懂了他们的愁苦，甚至恼怒我为什么对具体的问题视而不见，而盘问他们如此不着边际的空话。更有甚者，以为我根本就没有心思听他们说话，自己胡乱找了个话题来搪塞。

我会迎着他们疑虑的目光，说，请回答我的这个问题，你为什么而活着呢？

年轻人一般会很懊恼地说，这个问题太大了，和我现在遇到的事没有一点关联。我会说，你错了。世上的万事万物都有关联。有人常常以为心理上的事只和单一的外界刺激有关，就事论事，其实人的心理和人生的大目标有着纲举目张的紧密联系。很多心理问题，实际上都是人生的大目标出现了混乱和偏移。

举个例子。一个小伙子找到我，说他为自己说话很快而苦恼。他交了一个女朋友，感情很好。但女孩子不喜欢他说话太快。一听他口若悬河滔滔不绝地说个没完，女孩就说自己快变成大头娃娃了。还说如果他不改掉这毛病，就不能把他引荐给自己的妈妈，因为老人家最烦的就是说话爱吐唾沫星子的人。

"你说我怎么才能改掉说话太快的毛病？"他殷切地看着我，闹得我都觉得如果不帮他这个忙，简直就成了毁掉他一生爱情和事业的凶手。

我说："你为什么要讲话那么快呢？"

他说："如果慢了，我怕人家没有耐心听完我的话。你知道，现在的社会节奏那么快，你讲慢了，人家就跑了。"

我说："如果按照你的这个观点发挥下去，社会节奏越来越快，你岂不是就得说绕口令了？你的准丈母娘就不是这样的人啊，她就喜欢说话速度慢一点并且注意礼仪的人啊。"

他说："好吧，就算你说的这两种人可以并存，但我还是觉得说话快一些，比较占便宜，可以在单位时间内传达更多的信息。"

我说："那你的关键就是期待别人能准确地接受你的信息。

你以为只有快速发射信息才是唯一的途径。你对自己的观点并不自信。"

他说："正是这样。我生怕别人不听我的，我就快快地说，多多地说。"

当他这样说完之后，连自己也笑起来。我说："其实别人能否接受我们的观点，语速并不是最重要的。而且，你能告诉我，你为什么这样在意别人是否能接受你的观点吗？"

这个说话很快的男孩突然语塞起来，忸怩着说："我把理想告诉你，你可不要笑话我。"

我连连保证绝不泄密。他说："我的理想是当一个政治家。所有的政治家都很雄辩，你说对吧？"

我说："这咱们就接触到了问题的实质。要当一个政治家，第一要自信。他们的雄辩不是来自速度，而是来自信念。一个自信的人，不论说话快还是慢，他们对自我信念的坚守流露出来，会感染他人。我知道你有如此远大的理想，这很好。你要做的事，不是把话越说越快，而是积攒自己的力量，让自己的信念更加坚强。"

那一天的谈话就到此为止。后来，这个男生告诉我，他讲话的速度慢了下来，也被批准见到了自己的准丈母娘，听说很受欢迎。

这边刚刚解决了一个说话快的问题，紧接着又来了一位女硕士，说自己的心理问题是讲话太慢，周围的人都认为她有很深的城府，不敢和她交朋友，以为在她那些缓慢吐出的话语背后，隐藏着怎样的阴谋。

"我试了很多方法，却无法让自己说话快起来，烦死了。"她慢吞吞地对我这样说，语速的确有一种压抑人的迟缓，好像在话的背后还隐藏着另一句话。

我看她急迫的神情，知道她非常焦虑。

我说："你讲每一句话是否都要经过慎重的考虑？"

她说："是啊。如果不考虑，讲错了话，谁负得了这个责？"

我说："你为什么特别怕讲错话？"

女硕士说："因为我输不起。我家庭背景不好，家里有人犯了罪，周围的人都看不起我们；家里很穷，从小靠亲戚的施舍我才能坚持学业。我生怕一句话说差了，人家不高兴，就不给我学费了。所以，连问一句'你吃了吗？'这样中国最普通的话，我也要三思而后行。我怕人家说，你连自己的饭都吃不饱，也配来问别人的吃饭问题。"

听到这里，我说："我明白了。你觉得自己的每一句话都可能引致他人的误解，给自己造成不良影响。"

女硕士连连说："对对，就是这样的。"

我笑了，说："你这一句话说得并不慢啊。"

她说："那是我相信你不会误会我。"

我说："这就对了。你说话速度慢，不是一个技术性的问题，是你不能相信别人。你是否准备一辈子都不相信任何人？如果是这样的话，我断定你的讲话速度是不会改变的。如果你从此相信他人，讲话的速度自然会比较适宜，既不会太慢，也不会太快，而是能收放自如。"

那个女生后来果然有了很大的改变，她的人际关系也有了进步。

今天我们从一个很大的目标谈起，结果要在一个很小的地方结束。我想说，一个人的心理是一座斗拱飞檐的宫殿，这座宫殿的基础就是我们对自己人生目标的规划和对世界、对他人的基本看法。一些看起来是技术和表面的问题，其实内里都和我们的基本人生观有着千丝万缕的联系。心理问题切不可头痛医头脚痛医脚，那样如同创可贴，只能暂时封住小伤口，却无法从根本上让我们的精神强健起来。

请从老板椅上站起来

我是一名注册心理咨询师。

某次会议期间，聚餐时，一位老板得知我的职业之后，沉默地看了我一眼。依着职业敏感，我感觉到这一眼后面颇有些深意。饭后，大家沿着曲径散步。在一处可以避开他人视线的拐弯处，他走近我，字斟句酌地说："不知你……是否可以……为我做心理咨询？……我最近压力很大，内心充满了焦灼，有好几次，我想从我工作的写字楼的办公室跳下去……我甚至察看了楼下的地面设施，不是怕地面不够坚硬，我死不了……二十二层啊，我是物理系毕业的，我知道地心引力的不可抗拒……我怕的是地面上行人过往太多，我坠落的时候，砸伤他人。也许，深夜时分比较合适？那时行人较少……"

他的语速由慢到快，好像一列就要脱轨的火车，脸上布满浓重的迷茫和忧郁。他甚至没有注意到我的神色，包括是否准备答应他的请求。毕竟，这里不是我的诊所，他也不曾预约。

虽是萍水相逢，从这个短暂的开场白里，我也可深刻地感知他正被一场巨大的心理风暴所袭击。

我迟疑了片刻。此处没有合适的工作环境，且我也不是在生活的每时每刻都以职业角色出现。但他的话，让我深深忧虑和不安。我可以从中确切地嗅到独属于死亡的黑色气息。

是的。我们常常听到人们说到"死"这个词——"累死了""热死了""烦死了"，甚至——"高兴死了""快活死了""美死了"……"死"是一个日常生活中的高频词，它通常扮演一个夸张的形容角色，以致很多人在玩笑中轻淡了它本质的冷峻含义。

所以，作为一名心理咨询师，精确地判明当人们在提到死亡这一字眼的时候心理相应的震动幅度，是一种基本能力。

如果他是一个年轻人，少年不识愁滋味，整天把死挂在嘴边，我会淡然处之。如果她是一名情场失意的女性，伴着号啕痛哭随口而出，我也可以在深表理解的同时，镇定自若。但他是一名中年男性，有着优雅的仪表和整洁的服饰，从他的谈吐中，可以看出他是一个自我指向强烈的人。他不会轻易地暴露自己的内心，一旦他开口了，向一个陌生人呼救，就从一个侧面明确地表明他濒临危机。

特别是他在谈话中，提到了他的办公室高度的具体数字——二十二层，提到了他的物理学背景，说明他是详尽地考虑了实施死亡的地点和成功的可能性。还有预定的时间——深夜行人稀少……可以说，他的死亡计划已经基本成形，所缺的只是最后的决断和那致命的凌空一跃。

我知道，很有几位叱咤风云外表踌躇满怀的企业家，在人们毫无思想准备的情形下，断然结束了自己的生命。关于他们的死因，众说纷纭，有些也许成了永远的秘密。但我可以肯定，他们死前一定遭遇到巨大深刻的心理矛盾，无以化解，这才陷入全面溃乱之中，了断事业，抛弃家人，自戕了无比珍爱的生命。

心理咨询师通常是举重若轻的，但也有看急诊的时候。我以为面前就是这样的关头。当事件危及一个人最宝贵的生命之时，我们没有权利见死不救。

我对他说："好。我特别为你进行一次心理咨询。"

他的眼里闪出稀薄的亮光，但是瞬间就熄灭了。

我知道他不一定相信我。心理咨询在中国是新兴的学科，许多人不知道心理咨询师是如何工作的。他们或是觉得神秘，或是本能地排斥。在我们的文化里，如果一个人承认他的心理需要帮助，就是混乱和精神分裂的代名词，是要招人耻笑和非议的。长久以来，人们淡漠自己的精神，不呵护它，不关爱它。假如一个人伤风感冒、发烧拉肚子，他本人和他的家人朋友或许会很敏感地察觉，有人会关切地劝他到医院早些看医生，会督促他按时吃药，会安排他的休息和静养。但是，人们在精心保养自己的外部设施的同时，却往往忽略了心灵——我们所有高级活动的首脑机构。从这个意义上说，这位老总是勇敢和明智的。

他说："什么时间开始呢？"

我说："待我找一个合适的地点。"

他说："心理咨询对谈话地点有什么特殊的要求吗？"

我说："有。但我们可以因陋就简。最基本的条件是，有一间隔音的不要很大的房间，温暖而洁净，有两把椅子，即可。"

他说："我和这家饭店的老板有交往，房间的事，我来准备吧。等我安排好了，和你联系。"

我答应了。后来我发现这是一个小小的疏漏。以后，凡有此类安排，我都不再假手他人，而是事必躬亲。

看来他很着急，不长时间之后，就找到我，说已然做好准备。我随同他走到一栋办公楼，在某间房门口停下脚步。他掏出钥匙，打开房间，走了进去。我跟在他身后进屋。

房子不大，静谧雅致，有一张如航空母舰般巨大的写字台，一把黑色的真皮老板椅，给人威风凛凛的感觉。幸而靠墙处，有一对矮矮的皮沙发，宽软蓬松，柔化了屋内的严谨气氛。

"怎么样？还好吧？"老总的语句虽说是问话，但结尾上扬的语调，说明他已认定自己的准备工作应属优良等级。不待我回答，他就走到老板椅跟前，一屁股坐了下去。在落座的同时，用手点了一下沙发，说："你也请坐。沙发舒服些。我坐这种椅子惯了。"

我站在地中央，未按他的指示行动。

我重新环视了一下四周，对他说："房间的隔音效果看来还不错，可惜稍微大了一些。"

他有些失望地说："这已是宾馆最小的房间了。再小就是清洁工放杂物的地方了。"

我点点头说："看来只有在这里了。希望你不要在意。"

他吃惊地说："我为什么会在意？只要你不在意就成了。"

我说："关键是你啊。小的隔音的房间，给人的安全感要胜过大的房间。对于一个准备倾诉自己最痛苦最焦虑的思绪的人来说，环境的安全和对咨询师的信任，是重要的前提啊。"

他若有所思地沉默着。半晌，他猛然悟到我还站着，连连说："我信任你，我不信任你就不会主动找你了，是不是？你为什么还不坐下？"

我笑笑说："不但我不能坐下，而且，先生，请你也从老板椅上站起来。"

"为什么？"他的莫名其妙当中，几乎有些恼怒了。我相信，在他成功的老板生涯中，恐怕还没有人这样要求过他。

他稍微愣怔了片刻。看得出，他是一个智商很高反应机敏的人，似乎意识到了什么，说道："你的意思，是不是我坐在这把椅子上，你坐在沙发上，咱们之间的距离太远，不利于你的工作？若是这个原因，我可以坐到沙发上去。"

我依旧笑着说："这是其中的一个原因，但不是最主要的原因。我要说的是——沙发也不可以坐。不但你不能坐，我也不能坐。"

这一回，他陷入真正的困惑之中，喃喃地说："这也不让坐，那也不让坐，咱们坐在哪里呢？"

是啊。这间房屋里，除了老板椅和沙发，再没有可坐的地方了。除非把窗台上的花盆倒扣过来。

我说："很抱歉。这不是你的过错。我作为治疗师，应该早到这间房子来，做点准备。现在，由我来操办吧。"

我把老总留在房间，找到楼下的服务人员，对他们说："我需要两把普通的木椅子。"

他们很愿意配合我，但是为难地说："我们这里给客人预备的都是沙发软椅，只有工作人员自己用的才是旧木椅。"

我看看他身后油漆剥落的椅子说："是这种吗？"

他们说："是。"

我说："这就很适用。先帮我找两把这种椅子，搬到那间房子。然后，还要麻烦你们，把那间房子里的老板台和老板椅搬出去。"

工作人员很快按照我的要求行动起来。在大家出出进进忙碌的过程中，老总一直双手交叉抱在胸前。我明白这一体态语言的含义是："我弄不懂你的意思。我不喜欢这样折腾。有这个必要吗？"

我暂不理他。待一切收拾妥当，我伸手邀请他说："你请坐吧。"

现在，屋内只有两张木椅，呈四十五度角摆放着，简洁而单纯。

"我坐在哪里？"他挑战似的询问。

"哪张椅子都可以。因为，这两张椅子是一模一样的。"我回答。

他坐下，我也坐下。

…………

当心理咨询过程结束的时候，他脸上浮现出了微笑。他说：

"谢谢你。我感觉比以前多了一点力量。"

我说："好啊。祝贺你。力量也似泉水，会慢慢积聚起来，直至成为永不干涸的深潭。"

分手的时候，他说："如果不是你们的职业秘密的话，我想知道你为什么让我从老板椅上站起来。难道那两张普通的木椅子，有什么特殊的魔力吗？"

我说："这不是职业秘密，当然可以奉告。如果我估计得不错的话，在你的办公室里，一定有类似的老板椅。一坐在上面，你就进入了习惯的角色之中。我坐在沙发上，在视线上比你矮。我想，通常到你的办公室请示的下级或是商议事务的其他人员，也是坐在这个位置的。这种习惯性的坐姿，是一个模式，也透露着你是主人的强烈信息。心理咨询师和来访者的关系，不同于你以前所享有的任何关系。我们不是上下级，也不是买卖和有利害关系的伙伴，甚至不是朋友，朋友是一个鱼龙混杂的体系。我们之间所建立的相互平等的关系，是崭新而真诚的。它本身就具有强大的疗效。我会为你所有的谈话严守秘密，上不告父母，下不告妻儿。当然，对于一位女咨询师来说，就是不告夫儿了。这是一个专业咨询师最基本的职业道德。其中的每一个细节都要服从这一大局。"

他点点头，表示相信我的承诺。若有所思片刻后他又说："沙发也是很平等的啊！一般高，不偏不向嘛！我曾提议咱们都坐沙发，可你拒绝了。沙发要比椅子舒服得多。说实话，我很多年没有坐过这般粗糙的木椅了。"说完，他捶了捶腰背。

我说："你说得很对。沙发的确太舒服了，而我们不能在太舒服的环境下谈话，那样无法维持我们神经系统的警醒和思维的深度。沙发更适宜养神，从思考的角度说，木椅比沙发更有力度。"

他再次点点头，说："这的确是一个新的领域，连规矩也很特别。当我下次再进入心理咨询室的时候，就会比较有经验了。"

我说："下星期，我们再见。"

灾难过后，刺玫瑰依然开放

女孩戴着口罩，把眼睛露出口罩的边缘，说："所有的科学知识我都知道了，可我还是害怕。我可以对你说我不害怕，可那是假的，理智不可能解决情感问题。你说我怎么能不害怕？"

她指的是非典。2003年上半年，中国使用频率最高的一个词大概就是"非典"。医学家统计，在罹患非典的人群里，青壮年占了百分之七十以上，特别是二三十岁的青年人在总发病率中占了三成比例。从这个意义上说，非典具有生机勃勃的杀伤性。

面对非典，广大人群表现出恐慌，这在疾病流行早期是可以理解的。什么人的恐慌是最严重的呢？从我接触的人群来看，是年轻人。年幼的孩子，尚不知恐惧和死亡为何物，他们看到大惊慌，自己也跟着惊慌，但惊慌一阵子也就忘记了，在他们的字典中，恐慌基本上只和考试相连，其余的都不在话下。中老年人，除了家里有很多牵挂放不下之外，一般还比较从容，也许是因为他们年纪较大，已经或多或少地考虑过死亡了。年轻人的大恐慌，主要来自在有限的生命体验中，找不到被一株小小的病毒杀得人仰马翻的经验。人们对于自己未知的事物，总是充满了震惊和慌张，这是人的正常心理反应，一如我们面对着不可知的黑暗，你不知道在暗中潜伏的是老虎还是蜥蜴。如果我们有了一盏灯，我们的心里就踏实了一点。如果我们在有了灯之后，又有了一根结实的棍子，信心就增长了一些。假如天慢慢地亮起来，太阳出来了，安全感就更雄厚了。科学家对于非典病毒的寻找和描述，就是我们在晦暗中的灯光。现在已经初步看清了这个匍匐在阴影中的魔鬼，知道它的爪子从何处伸来，利齿从何处噬咬。我们也有了一根粗壮的棍子，那就是严格的消毒和隔离措施。大多数人的恐慌渐渐地散去，一如冬季北方旷野上的薄雾。

我问女孩："非典在北京爆发之后，你在哪里？"

她说："我在公司做职员，刚开始隔天上班，现在干脆不用去了。我的同事们很多离开了北京，忍受不了这种恐惧的压榨。听说在北京不容易走，有人就骑着自行车跑到北京周边的地区，然后把自行车一扔，坐上汽车火车，跑回老家去了。可惜我的爷爷奶奶姥姥姥爷都在北京，无地可去，只能和这座城市共存亡。我非常害怕……"

我握了握她的手，果然，她的手指被冷汗黏结在一起，像冰雹打过的鸟翅簌簌抖动。我说："我没有办法使你不怕，但有一个人能帮助你。"

她迫不及待地问："谁？"

我说："你自己。"

她说："我怎么能帮我自己呢？"

我说："你拿来一张纸，把自己最害怕的事写下来。"

她站起身，拿来一张雪白的大纸，几乎覆盖了半个桌面。然后，一笔一画地写下：

第一个害怕：我还没有升到办公室的主管，就停止了前程。

第二个害怕：我按揭买下的房子，还没有付完全款。

第三个害怕：我刚刚交下的男朋友，还没有深入发展感情。

第四个害怕：我准备给我妈妈送一件茉莉紫色的羊绒衫，还没来得及买。

第五个害怕：我上次和我爸爸吵了一大架，还没跟他和好。要是我死了，多遗憾。

第六个害怕：我热爱旅游，很想走遍世界。现在连新马泰和韩国还没去成呢，就要参观地狱了。

第七个害怕：我想减肥，还没有达到预定的斤数。

第八个害怕……当她写到第八个害怕的时候，停了下来。我说："为什么停笔了？"她歪着头从上到下看了半天，说："差不多了，也就是这些了。"

我说："不多嘛，看你拿来那么大的一张纸，我以为你会写下一百条害怕。请检视一下你的种种害怕，看看有哪些可以化解或减弱。"

她仔细地端详着自己刚刚写下的害怕，说道："第七个害怕最不重要了，如果得了病，高烧几天，估计体重就减下来了。"

我说："很好啊，凡事就怕具体化。现在，你已经没有那么多的害怕了，只剩下六条，再来具体分析。"

姑娘看看手上的纸，说："有两条是可以立刻做的，做完了，我就不再害怕。"

我说："哪两件事？"

她说："今天我下班之后，就到商场给我妈妈买一件茉莉紫的羊绒衫，如果这个颜色商场一时无货，我就买一件牵牛花紫的羊绒衫，要是也没有，买成大枣红的也行。第二件事是和爸爸推心置腹地谈谈。我爸是个特好面子的人，所以我先同他讲话，他一定会爱搭不理的。要是以前，我才不热脸贴他的冷屁股呢！但经过了非典，我会比较能忍耐了。我会对他说，非典让我长大了，我是你的朋友，让我们像真正的朋友那样讲话，好吗？"

我说："真喜欢你说非典让你长大了这句话。成长不但发生在幸福的时候，更多的是发生在苦难之中。"

她受了鼓励，原本被恐惧刷得灰白的面庞，有了一丝属于年轻人的绯红。她继续看着恐怖清单，低声说："至于刚刚交下的男朋友，好像也不是什么值得害怕的事情，这需要细水长流慢慢了解。就算是没有非典，也不一定就能达到海誓山盟男婚女嫁……"

说到这里，她大概突然看到了恐怖清单上的第二条，笑起来说："至于还不上贷款这件事，我要把它开除出去。这不是我该害怕的事，最害怕的该属房地产开发商。这是不可抗力，是地产老板们最爱用于推诿的理由，想不到也可以子之矛攻子之盾，让他们头疼一回。"

开发商的困境引发了女孩的幽默感，她显出些许幸灾乐祸的快乐，旋即细细的眉头又皱了起来，说："恐怖名单上不能去世界旅游这一条，无论如何是去不掉了。"

我说："你要到各地去旅游，为了什么？"

"为了让我快乐。看我没有看过的风景，听我没听过的鸟鸣。"她很快回答道。

我说："这是旅游最好的理由。只是我想问你，你可曾注意到窗外不远处的花坛里，刺玫瑰在悄然开放？"

她一脸茫然地说："刺玫瑰真的开花了吗？"

我用手指敲敲窗子说："你往前面看。"

她把脸压在玻璃上，贪婪地看着窗外，每一朵刺玫瑰都如同换牙的小童，憨态可掬。她惊讶地说："真的，在非典肆虐的春天，刺玫瑰居然还在开放。真怪啊，我以前怎么从来没有注意到呢？"

她的目光从睫毛膏的缝隙中向更远处眺望，说："哦，我不但看到刺玫瑰了，还看到国色天香的牡丹和路边卑微的蒲公英，也一样蓬蓬勃勃地开放着……"

她是很聪明的女孩，很快就悟出了，说："我明白了，美丽的风景不一定要到远处寻找，也许就在我们的身边。"

我说："我们先把眼前的风光欣赏完了，再看远处也无妨。"

这位20世纪80年代出生的女生看看自己的恐怖清单，然后说："好吧，就算没法周游世界，我也不再害怕了。但是，我要是升不到主管就死了，这还是可怕的事。"

我说："你升到主管之后会怎样？"

女孩说："我还要升到部门经理，然后是总经理……"

"然后呢？"我问。

"然后就是旅游了……旅游是为了开心，是为了快乐。对啊，我最终的目的是让自己快乐。那么我如果因为害怕，抢先丧失了快乐，我就太傻了，就是本末倒置，就是一个大笨蛋……"
她自言自语，眼珠飞快地转动着。

那一天的结尾，是这个姑娘把那张像大字报一样的恐怖清单撕掉了。20世纪80年代出生的年轻人，在此次非典流行的过程中，交出了形形色色的答卷。比如我在电视里，就看到二十岁刚出头的女护士，英勇如同身经百战的士兵，穿戴着把人憋得眼冒金星的三重隔离服，给年纪足够当她伯父的病人做治疗和宽慰疏导。

这就是泥沙俱下的生活，这就是新的一代人。报章上有人管他们叫"跑了的一代"。我觉得在他们如此年轻的时候就遭遇到了一场突如其来的严重的灾难，是不幸也是大幸。恐惧可以接纳，却不能长时间地沉溺，逃跑更是懦夫退缩的行径。当你有能力直面灾难，细细将它们剖析，在灾难中看到鲜花依旧在不远处开放，那就有了不再惧怕不会逃跑的气概。

狮泉河畔女上校

我是个念旧的人，有时到了迂腐的境地。一个手机，用了六七年，按键数字已漫漶不清，好在熟门熟路的，不用细看也知道各代表着几，照打不误。显示屏坏了，修一次要几百块钱。家人问，修还是买个新的啊？我说，修。又过几日，电池坏了。家人再问，修还是买新的啊？我说，买新的。他们说，这就对了，早就该换了。我说，买新电池。再几日，手机毫无征兆地彻底缄默了。这一回，谁也说不清到底是哪里坏了，仿佛耄耋老人，在炎热的夏季，无疾而终。

只得花几百块钱，买了一部廉价机，功能简单，字也大。

刚调试好，电话就响了。上面清清楚楚地显示：来自西藏狮泉河。

大吃一惊！心就嘣嘣跳起来。我不知道手机除了能报号，还能把通话者的所在地供出来。（估计这早就是基本功能了，只是我孤陋寡闻。）

看到此处，你可能要笑话我，就算知道了电话是从哪里拨出来的，也不是警察判断出了罪犯的所在地，因此就能破了案，至于这么激动吗？

要知道那可不是普通的地方，是阿里啊！我梦魂萦绕的精神故土。

我十六岁当兵，抵达阿里高原。在西藏阿里军分区服役十一年，狮泉河就是我的故乡。从最初穿上军装，宣誓保卫那片广漠的高地，至今整整四十年了。阿里的首长们战友们没有忘记我这个老兵，每年夏季那里气候较温暖的时候，总是殷切地邀请我"上山"再看看，他们说我在阿里，已经成为一个"传说"。我去了，会让今天的士兵们，真的相信以前有过一个年轻的女兵，曾在这里爬冰卧雪过。

"上山"是阿里的土话，指的是去喜马拉雅山、冈底斯山、喀喇昆仑山三山交会之处。万尊雪山之中，你无法确切判断脚下那千古不化的冰峰，究竟从属于哪一系山脉。于是大而化之，笼统地称它们为"山上"。

有一年，再赴阿里差点成行。当我兴致勃勃地要随西藏阿里军分区政委的车子"上山"的时候，苍老的母亲拦住了我。她说："早些年，你在西藏服役，每一次你'上山'，我都心惊肉跳。我是老共产党员，不信神。可我在心里从马克思念叨到观音菩萨，希望他们一块出面保佑你平安。你卫国戍边，不能当逃兵，我说不出什么。现在，并没十万火急不能推卸的事，需要你再一次'上山'。如果你一定要去，就等我死了以后再走吧。"

老人家把话说到这个分上，我想起了"父母在，不远游"的圣人训。原以为这句古话只是教诲孩子孝顺父母，那一瞬才懂得了儿女的远行，会让年迈的双亲怎样凄惶！

如今，父母已逝，我可以自作主张地"上山"了，不想体质渐差，已无法适应高原的恶劣环境。今生今世，"上山"也许只能再现于梦中。

你说此刻阿里来了电话，怎能不让我呼吸加快心旌摇动呢！

打电话来的是汪瑞。

一位美丽的女上校。她现在是西藏阿里军分区狮泉河医疗站的心理咨询师，我们曾有过几次倾心交谈。

汪瑞是全军唯一在海拔五千米以上地区、全面开展心理研究和教育疏导的女医生。阿里的广大官兵亲切地称她为"知心姐姐"，2006年，汪瑞被南疆军区表彰为"昆仑卫士"。

几年前，我和汪瑞一道在某军队网站的论坛上做客。视频连线，会同时出现影像。汪瑞打开一只小小的粉盒，问："你化妆吗？"

我说："不。"

汪瑞用轻粉覆盖住脸上被高原烈日和酷寒炙冻出的红斑，把口红涂在因为营养缺乏而皲裂的口唇上，轻声说："我平时也不化妆。到哨卡上的时候，会化一点淡妆。我想以最好的面貌出现在战友们面前，让他们从我身上感受到美好和力量。"

我点点头，懂得她的苦心。

汪瑞给阿里的每个边防战士，都发了一张"连心卡"，上写："有困难找组织，有心事找汪瑞。"今天，汪瑞找我，发生了什么事情呢？

原来是阿里军分区有一个疑难的心理咨询案例，汪瑞想听听我的意见。

能为自己的老部队和战友们贡献一点心力，我殚精竭虑。你来我往，电话里谈了很久，直到汪瑞的电池没了电。

我说："容我再查找一下资料，等有了新的想法，马上再和你交流。"

千万公里之外，汪瑞有些喘息（藏北高原海拔五千米以上，长久的交谈会让人有上气不接下气的缺氧感觉）地说："谢谢你。我马上就要到一线哨卡去，那里没有基站，没有信号，这就骑马出发了……"

放下电话，愣怔许久，心绪飞向高渺天庭。城市里熙熙攘攘的人们，你们可知道，此时此刻，遥远的边陲，一队草绿色的人影——其中有一位美丽的女兵——正在雪峰冰壑中跋涉。他们用身体和意志，筑起家国的篱笆。

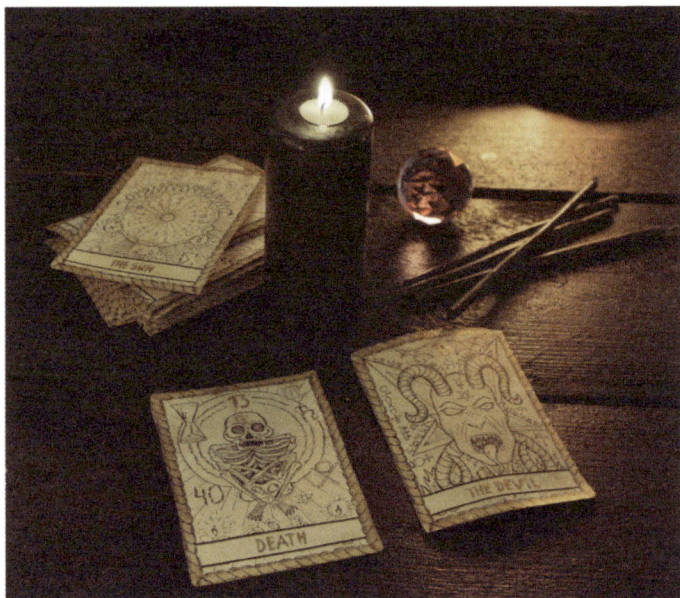

心理测验的批发商

常常听到朋友们说，咳！我刚做了一个心理小测验，分析结果说我是怎样的人，实际上我并不是那样的人。从此，我就不相信心理学了。觉得尽骗人，和江湖上算命的差不多。

也有朋友说，我做过一个小测验，那真是太准了。以后，我只要看到报纸杂志上有这类文章，都会兴致勃勃地拿来一做，还迫不及待地推荐给别人。好玩不说，真是灵验啊。

这类大致以"看穿你的心"为名的小测验，如烂漫山花，弥漫四周，类似巫师发出的咒语，具有蛊惑人心的魔性。

我从来不做，不是因为斟酌它灵或是不灵，只是觉得一门严肃的科学，被随意拿来消遣，如同殷墟的甲骨，砸碎了煎汤，太轻慢。

有的测验，说你想象自己正在画画。画的是什么？国画？

油画？山水风景？美人佳肴？萝卜白菜？信笔涂鸦？抽象挥洒？你可知它们说明了什么？

有的测验，假设大家正在等电梯。你是一直仰头看着表示电梯层数的数字，还是不耐烦地频频揿着按钮？要不干脆利用这个时间，欣赏一下同样苦等电梯的美女的超短裙？

人们充满了好奇。就算有人对外部世界不好奇，对自己也难逃好奇之箭。谁不想知道在三千烦恼丝包裹之中的颅骨下，栖息着怎样的奥秘？它在暗中支配着你的一颦一笑，操控着你的命运舵轮，你不能对它一无所知。假若年老，生命之纸已然破旧，涂了很多若明若暗的图谱，余下的天头地角也不宽裕了，不找也罢。年轻人则更希望多了解自己。未来对于他们，具有更柔软的可塑性。

某天，碰到一位美丽女子，长发飘飘。她妩媚一笑说："我和你是同行。"

我这半辈子从事过好几种职业，一时不知道她指的是哪一行，问："你是军人吗？是内科医生吗？或是写作？要不你开了心理诊所？"

她笑笑说："都不是。"

我纳闷道："那咱们同的是哪一行呢？"

她说："我编心理小测验。"

我说："原来报刊上登的那种心理小测验，都是你编出来的。"

她很谦虚地说："不敢当。哪能都是我编出来的呢？我一个人没有那么大的能量。"

我说："你在哪里读的心理学课程呢？"

她第三次笑了，说："我没有读过心理学课程。如果我真读了相关的课程，很可能就不敢接这活了。"

我纳闷："你的这种测验，是怎么编出来的呢？"

她看了看四周，很神秘地说："如果是别人问我，我就不告诉他。因为尊敬你，所以，全盘告知。"

我一下子有点紧张。凡是听到人谈到秘密的时候，我第一个反应就是想上厕所并且有点害怕。要是将来一旦秘密泄露了，岂不要担干系？

美丽的女子款言道："你不用怕，其实这也是半公开的诀窍。

一般的人，以为是先编好了测验的故事，再来确定答案，其实不然。是先设计好了不同的人会有怎样不同的反应，然后再来设计前缘。"

我说："能举个例子吗？我还是不大明白。"

美丽女子说："比如，人们面对突然的巨响，会有不同的判断和应对模式。谨慎而且惜命的人，首先想到的是安全问题和自保。勇敢和喜爱助人的人，首先想到的是一探究竟和挺身而出。教条和僵化的人，很可能麻木和迟钝，不能审时度势。胆小如鼠的人，当然是惊慌失措和打哆嗦了。你先把各种人不同的反应方式找到，然后再反推回来，设计出相应的情境，不是就水到渠成了吗？你顺势即可编一个心理小测验：春天，你和朋友们正在郊外空旷的草地上用餐，突然电闪雷鸣并且听到野兽的吼叫，你会采用哪种方式：

"A 堵起耳朵，哭泣，瘫倒在地。

"B 用身体掩护朋友，说，不要慌，有我呢！说着拿起一根粗壮木棒，警惕地四处巡查。

"C 一句话也不说，撒腿就跑，看到不远处有一个土坑可以藏身。

"D抬头看看天，佯作镇定说，临来之前我查了资料，天气晴朗，这一带没有大型野兽，不必害怕。

"按照刚才咱们前面说到的逆推理法，相应的分析很容易完成，不过举手之劳。"

我目瞪口呆，说："就这么容易？"

美丽女子说："这还算比较复杂的呢。有时候，简单的心理小测验，我一天能编出十多条呢！一条能赚几百块钱，你可以算算收入。我真要感谢喜欢心理学的人，他们爱看，报刊才会登，我拿了稿费，才有余力买漂亮的裙子。"

我试探地问："如果我把你的创作过程告诉更多的人，你会不会断了生意？"

她爽快地说："不会。总有人喜欢神秘又无法验证的东西，我就是一个心理测验的批发商。"

等待你的第二颗糖

这是一个寂静的午后，苹果花的香味弥漫在美国得克萨斯州的一个镇小学的校园里。其中一个班的八个学生，被老师带到了校长室旁的一间很大的空房里，玻璃窗明晃晃亮得耀眼，鸟儿飞过的痕迹也能看得清清楚楚。正当学生们强按住内心的好奇，凝神等待着将要发生的一切时，老师领着一个陌生的中年男子走了进来。

他一脸和蔼地来到孩子们中间，给每个人发了一粒包装十分精美的糖果，并告诉他们："这糖果是属于你的，可以随时吃掉，但如果谁能坚持着等我回来以后再吃，就会得到两粒同样的糖果作为奖励。"说完他和老师一起转身离开了这里。

等待是漫长的，许诺是遥远的，而那颗糖果却真真切切地摆在每个孩子的面前。时间一分一秒地过去了。这颗糖果对孩子们的诱惑也越来越大，伴随着窗外苹果花的芬芳，这种诱惑几乎不可抗拒。

有一个孩子剥掉了精美的糖纸，把糖放进嘴里并发出"啧啧"的声音。受他的影响，有几个孩子忍不住了，纷纷剥开了精美的糖纸。但仍有一半以上的孩子在千方百计地控制着自己，一直等到那陌生人回来。那是一个比暑假还要漫长的四十分钟。但陌生人最终兑现了自己的承诺，那些付出等待的孩子得到了应有的奖励。

事实上，这是一次叫作"延迟满足"的心理实验。后来，那个陌生人跟踪这些孩子整整二十年。他发现，能够"延迟满足"的学生，数学、语文的成绩要比那些熬不住的学生平均高出二十分。

等参加工作后，他们从来不在困难面前低头，总是能走出困境获得成功。

抵御唾手可得的诱惑，必须通过努力才能得到许诺之物，这并不是一件容易的事情。对照现实生活，再遇到同样的问题，这或许就不难做出正确的选择。